환경 먹거리, 자연재배

자연재배 사과

▶ 사과 꽃이 피기 시작하다.

과밭에서 본 이와키산.

▼ 가능했던 사과의 무농약 · 무비료 재배. 앞쪽의 왼쪽 품종은 골든 딜리셔스, 오른쪽 품종은 조나골드, 뒤쪽의 왼쪽 품종은 부사, 오른쪽 품종은 무츠.

▲ 풀이 파랗게 돋는 5월의 사과밭. 자연재배에서
수 있는 풍경.

◀ 사랑스런 사과 꽃봉오리.

▲ 토양은 단립구조를 이루어 푹신푹신하고, 무수
생물이 숨쉬고 있다.

◀ 꽃이 만발하는 5월은 사과밭이 가장 아름다운

요 품종인 부사. 자연재배로 초기에는 작았으나 지금은 손색 없는 크기. 당도도 향기도 아주 좋다.

빨간 과실이 열려 수확만을 기다리는 조나골드(10월). 새콤달하며 향기가 좋다.

▲ 자연재배 사과로 만든 사과식초.

▲ 자연재배 사과만을 사용한 무첨가물 주스.

색작업. 과실을 돌려가며 골고 햇빛을 비춰준다.

▲ 신기하게도 잎맥 모양에 따라 전정(剪定)해주면 더 좋은 열매를 맺는다.

▲ 잔설이 있는 2월부터 전정한다. 그해 수확에 크게 영향을 주는 아주 중요한 작업이다.

자연재배 쌀

▼모내기가 끝난 후 조금 지난 때의 자연재배한 논. 이 시기에 벼는 왕성하게 뿌리를 내고 있다(아키타현 오가타무라).

◀[쌀의 부패실험] 병 안에 물을 넣어 간 정도 방치한 부패실험. 왼쪽의 재배한 쌀은 변색도 크고 악취도 지만 오른쪽의 자연재배한 쌀은 냄새가 나지 않는다.

자연재배 야채

▶자연재배한 무잎. 자연스런 연한 잎사귀 색과 좌우대칭의 아름다운 모양이 특징.

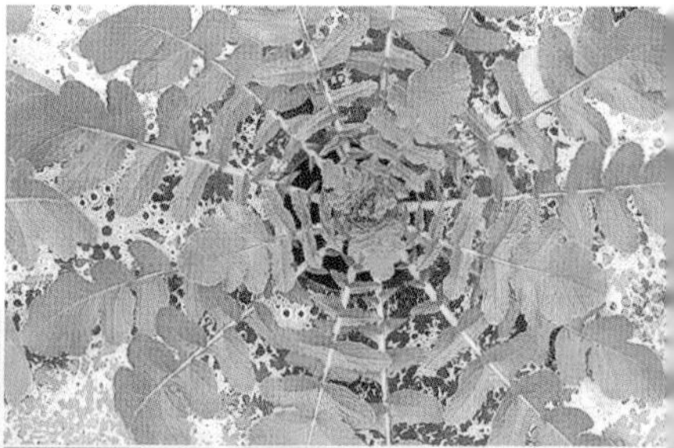

▼무와 그 사이에 심은 대두. 대두의 뿌리혹박테리아의 작용으로 무는 무비료이지만 훌륭하게 자란다.

우리가 몰랐던

자연재배 놀라운 기술

우리가 몰랐던

자연재배 놀라운 기술

기무라 아키노리 지음
도라지회 옮김

중앙생활사

역자 서문

먹거리의 기적, 자연재배

'환경오염'은 21세기 지구가 안고 있는 문제 중 가장 심각한 문제라는 데는 아무런 이의가 없을 것입니다. 특히 우리가 먹고 있는 먹거리에 대한 오염은 이제 안심하고 식탁에 오를 수 있는 것이 거의 없을 정도로 심각한 상태라 할 수 있습니다.

이러한 때에 기무라 씨의 이 책이 한글로 번역되어 한국의 많은 독자들과 만나게 된 것을 대단히 기쁘게 생각합니다.

도라지회를 통하여 기무라 씨가 한국에 농약도 비료도 사용하지 않는 농사법인 '자연재배'를 알리기 시작한 것은 2003년부터입니다.

기무라 씨는 이 책에서도 소개된 일본에서 자연재배를 하시는 동료, 가와나 씨, 다카하시 씨, 이시야마 씨와 함께 30년간 각고의 노력으로 자신이 이룩해놓은 자연재배 기술을 한국에 알리고자 어떠한 대가도 요구하지 않고 헌신적으로 수차례 일본과 한국을 오가며 자연재배를 알리고 있습니다.

또한 지금도 한국에서 수차례 농업연수단이 기무라 씨의 사과밭과 다카하시 씨, 이시야마 씨의 자연재배 현장과 가와나 씨의 유통매장을 견학하고 있습니다.

일본 국내에서도 기무라 씨의 사과 자연재배가 알려지기 시작하면서 일본 NHK TV 〈프로페셔널〉이라는 프로그램에서 '기적의 사과'라는 타이틀로 방송이 되고, 다른 여러 TV 방송에서도 소개가 되면서 그의 사과와 더불어 자연재배 농사법은 세계적으로 알려지게 되었습니다.

한국에서도 먹거리에 대한 관심이 높아지면서 KBS TV 프로그램 〈세상의 아침〉에서 기무라 씨의 사과농사가 '안심 먹거리' 특집으로 소개되었습니다.

저는 기무라 씨의 자연재배를 한국에 알리는 창구인 도라지회 활동을 하면서 개인적으로 기무라 씨가 가지고 있는 순수한 인간성에 많은 감동을 받았습니다. 주변의 수많은 냉소와 실패를 거듭하면서, 자신의 목숨을 포기할 정도의 극한의 나락으로 떨어지면서 결국 모든 해답이 자연의 질서에 있다는 것을 알게 되면서 이룩한 자연재배!

과연 그의 농사법은 무엇이라고 말할 수 있을까요? 저는 마지막 결론을 이렇게 내리고 싶습니다. 사랑이라고…….

흙과 사과나무와 벌레와 그리고 자신이 완전히 하나가 된 것입니다. 그 하나가 된 가장 큰 힘은 기무라 씨의 자연에 대한 사랑이라고 생각합니다. 그의 손으로 수없이 만지고, 냄새를 맡아보고 먹어보기까지 했던 흙, 사과나무 하나하나를 붙들고 "미안하다, 제발 힘내주세요."라고 하며 끊임없이 해준 기도, 떨어지는 사과나무 잎은 물론 그를 절망시켰던 잎말이나방 벌레에까지 혼신을 다해 이들을 사랑하며 그들과 하나가 된 기무라 씨 모습, 그 자체가 바로 자연재배농법이었다고 생각합니다.

또한 이 책은 저자 자신이 습득한 자연재배의 많은 방법을 현장에서 실제적으로 실행할 수 있도록 구체적인 방법이 자세하게 기술되어 있어 자연재배를 실천하고자 하시는 분들에게 많은 도움이 되리라 생각됩니다.

이 책을 통해 자연재배 이념과 기술이 많은 이들에게 전달되고 더 나아가 자연재배농법이 실현되어 우리가 살고 있는 지구가 농약과 비료의 해악에서 벗어나 더욱 건강한 모습으로 후손에게 남겨지길 희망하며, 한 가지 더 작은 바람은 이 책을 읽으면서 이가 하나도 없이 환하게 웃는 기무라 씨 자신과 여러분들이 만나는 장이 되길 바랍니다.

도라지회

머리말

무한한 가능성이 있는 자연재배

자연재배는 농약뿐만 아니라 비료나 퇴비조차도 사용하지 않고 작물을 재배하는 농법입니다. '비료나 퇴비를 사용하지 않았는데 어떻게 작물은 양분을 얻을 수 있을까? 그런 방법으로 과연 작물은 성장할 수 있는가?' 하고 의문을 갖는 분들도 많으리라 생각합니다.

그러나 사람의 손이 가지 않은 산을 보십시오. 비료가 없어도 나무들은 풍성하게 잘 자라고 가지가 휠 정도로 열매도 맺습니다.

이 자연재배는 아내가 농약을 취급할 때마다 피부염 등을 일으켜 고생하는 것을 보고 서서히 완전 무농약·무비료로 사과를 재배해 나가게 된 것이 그 첫 시작이었습니다. 처음에는 사과밭이 병충해로 인해 무참한 모습으로 변하고, 당분간은 수확이 없어 수입이 전혀 없는 상황에 처하기도 했습니다.

또한 병충해가 확산되는 것을 두려워하는 인근 농가에서 중상모략을 하는 일도 있었습니다.

힘들고 어려운 과정을 거치며 사람의 손을 필요로 하지 않는 자연환경에서 갖가지 많은 힌트를 얻으며 드디어 안전하면서 맛있는 사과를 수확하게 되었으며, 어느 정도 일정한 성과를 올릴 수 있게 되었습니다. 또 쌀이나 오이, 가지, 무, 피망, 양배추 등의 야채에 대해서도 자연재배의 상당한 성과를 올릴 수 있게 되었습니다.

더욱이 근년에 들어와서 농약이나 제초제 등이 인체나 환경에 미치는 악영향이 알려지면서 이러한 것을 사용하지 않는 무농약 재배나 유기농법으로 만든 농작물이 각광을 받게 되었습니다. 그렇지만 '농약을 사용하지 않는 것만으로 과연 안전한가?' 라는 점에 대해서는 의문을 제기하고 있습니다.

지금부터 50여 년 전에 미국에서 데친 시금치를 체에 받혀서 만든 이유식을 먹은 아기들이 연달아 사망하는 일이 있었습니다. 원인은 시금치에 과잉으로 들어있던 질산태질소 때문이라고 합니다. 이 물질이 체내에 들어오게 되면 혈액이 산소를 운반하기 어렵게 되어 질식해버리는 일이 있습니다.

이 물질이 다량 녹아 있는 물을 마셔도 같은 증상이 나타나며 아기들이 질식 상태가 되어 얼굴이 푸른색을 띠게 된다고 '블루베이비 증후군'이라고 불리면서 화제가 됐었습니다. 그래서 이 질산태 질소가 축적되는 원인이 농업에서 사용하는 농약이나 비료, 퇴비가 아닌가 하는 의심도 있습니다.

농업은 인간이 건강을 유지하며 살아가기 위해서 없어서는 안 되는 먹거리를 만드는 산업입니다. 그 농업이 원인이 되어 사람들이 건강을 잃거나 자연환경이 파괴된다는 것은 본말전도(本末顚倒)라고 밖에는 말할 수 없습니다. 이렇게 된다면 우리 농가들도 가슴을 펴고 농산물을 만들어낼 수가 없습니다.

완전 무농약·무비료인 자연재배에는 무한한 가능성이 감추어져 있습니다. 조금 과장된 것처럼 들릴지도 모르겠습니다만, 지구상에서 인류가 계속 건강하게 살아가기 위해서 필요한 농업의 모습의 하나라고 말할 수 있습니다. 적어도 "이것이 내가 만든 사과입니다", "내가 손수 만든 야채입니다"라고 가슴을 펴고 자신감을 갖고 말할 수 있는 농법이라고 확신하고 있습니다.

최근에 들어서 자연재배에 대한 관심이 점점 고조되고 있으며 전국 각지에서 생산자 여러분을 대상으로 하는 강연이나 현장실

습 등의 기회가 많아졌습니다. 또한 일시적이기는 하지만 아오모리현립 고쇼가와라농림고등학교나 히로시마대학 대학원의 젊은 분들, 또 한국의 생산자 여러분들과도 이야기할 기회를 갖게 되었습니다.

그런 기회가 있을 때마다 제 체험과 식견으로 얻은 모든 것을 무엇 하나 숨김없이 널리 알리려고 합니다. 물론 이 책에서도 여러분에게 도움이 되어 드리고 싶다는 오직 한 가지 일념으로 자연재배에 대한 생각이나 방법, 모든 것을 알기 쉽게 엮으려고 했습니다.

마지막으로 형식도 없이 나름대로 쓴 이 책을 간행할 수 있게 된 것은 힘든 상황에 처했을 때에도 저를 따뜻하게 지지해 주었던 가족, 특히 아내 미치코, 또 생산·가공·유통 분야의 동료 여러분, 안전하면서도 맛있는 과일, 야채를 구입해주시는 소비자 여러분, 또한 재배에 관여하신 학자, 연구자 및 편집에 관계해주신 여러분의 따뜻한 온정이 있었기 때문입니다. 깊은 감사의 뜻을 표합니다.

기무라 아키노리

차례

Part 2

안심 먹거리의 혁명, 자연재배

Part 3

흙의 능력을 최대한 발휘시키는 자연재배

Part 4

사과 자연재배의 기본상식

Part 5

쌀 자연재배의 기본상식

Part 6

야채 자연재배의 기본상식

Part 7

친환경 자연재배로 만난 사람들

사과밭 토층(土層)의 온도를 깊이 10cm마다 측정(내추럴 · 하모니 연구).

봉지로 싼 사과(쓰가루). 수확철이 다가오고 있다.

Part
1

무농약·무비료·무퇴비의 자연재배

무농약 · 무비료 · 무퇴비의 자연재배

사과 자연재배는 결코 불가능하지 않았다

아오모리현(縣) 히로사키시(市)(2006년 합병. 구 이와키초)의 유명한 산봉우리인 이와키산을 북서로 바라보는 완만한 경사지에 저의 사과밭이 있습니다. 북쪽 마을의 깊이 쌓였던 눈이 사라지고 따뜻한 5월이 되면 사과나무는 일제히 하얀 꽃을 피웁니다.

저의 사과밭도 주위에 있는 밭과 더불어 꽃이 만개하여 가족들은 큰 과실을 얻기 위해 적화(摘花)작업에 바빠지게 됩니다.

이 시기의 중부 쓰가루 농촌에서는 하얗게 만개한 사과 과수원은 눈에 익은 익숙한 풍경입니다. 그러나 저의 사과밭에는 다른 밭과 크게 다른 것이 있습니다. 그것은 적화를 하고 있는 저의 발밑입니다. 깨끗하게 제초된 다른 사과밭과 비교해보면 저의 사과밭은 한눈에 보더라도 푸르다는 것입니다. 다시 말해 잡초가 무성하게 자랄 대로 자라고 있습니다.

또 잡초뿐만 아니라 밭에 발을 한번 들여 놓아보시면 그 토양의 상태도 일반적인 사과밭과 매우 다르다는 것을 느끼실 수 있습니다. 대부분의 밭은 무거운 농약살포기계에 눌려서 토양이 딱딱하지만 이 사과밭은 폭신폭신합니다.

시험 삼아 주변에 떨어져 있는 전정(剪定)한 사과나무 가지를 흙에 꽂아보면 별다른 저항도 없이 깊숙이 박힙니다. 자세히 보면 지렁이나 여러 가지 곤충이 서식하고 있으며, 밭의 흙이 떼알구조(단립구조 : 團粒構造)를 이루고 있음을 알 수 있습니다.

제가 이 사과밭에 일체의 화학합성농약이나 비료·퇴비의 사용을 그만둔 것은 1977년 봄이었습니다. 폭신폭신한 부드러운 토양은 농약을 살포하지 않고 비료를 뿌리지 않으므로 본래의 균형을 되찾은 사과밭의 생태계의 작용에 의한 것이라고 말할 수 있습니다.

푸르게 자라나는 잡초는 9월 중순에 지온을 내려, 가을의 도래를 나무에게 알리기 위해 뽑아주지만, 신기하게도 그 무렵까지 적화·적과·수확 등의 작업에 지장을 줄 정도의 높이까지는 자라지

자연재배의 근본은 모두 자연계에 있다.

자연재배하는 저자의 사과밭(왼쪽)은 인접한 과수원과 달리 잡초가 무성하고 토양도 부드럽다.

않습니다.

사과는 오랫동안 무농약 재배가 불가능한 작물로 여겨져 왔습니다. 실제로 〈그림 1〉을 보면 무농약 재배를 실시한 경우의 감수율(減收率)은 오이와 함께 90%에 이른다고 나타났습니다. 다시 말해서 농약을 사용하지 않고 계속 생산하는 것은 불가능하다는 것을 나타내고 있습니다.

아오모리현은 전국 사과생산량의 40%를 차지하는 대산지이며 그런 만큼 사과 생산은 중요한 산업입니다. 현 행정은 농림수산부 사과과수과를 두어 여러 종류의 실험을 실시하고 그 기술을 생산자에게 지도하는 등 철저한 재배관리를 의무화시키고 있습니다.

생산자에게 배포하는 방제일정에 의하면, 잎이 나오기 시작하는 4월부터 수확에 대비하는 8월까지의 5개월 동안 10회에 이르는 살균제, 살충제, 살진드기제 등의 살포를 실시하도록 지도하고 있습니다.

이것에 대하여 저의 재배법은 화학합성농약 및 비료·퇴비를 사용하지 않고 병해충의 방제를 위해 식초를 살포하는(개정농약단속법으로 식초가 특정 농약으로 인정되었기 때문에 엄밀하게 말하면 저의 농법은 무농약 재배라고는 표현할 수 없는 것 같습니다) 정도이며, 종래 농법의 약 80%의 수확량을 올리고 있습니다.

〈그림 1〉 농약 방제를 실시하지 않았을 경우의 해충에 의한 감수율

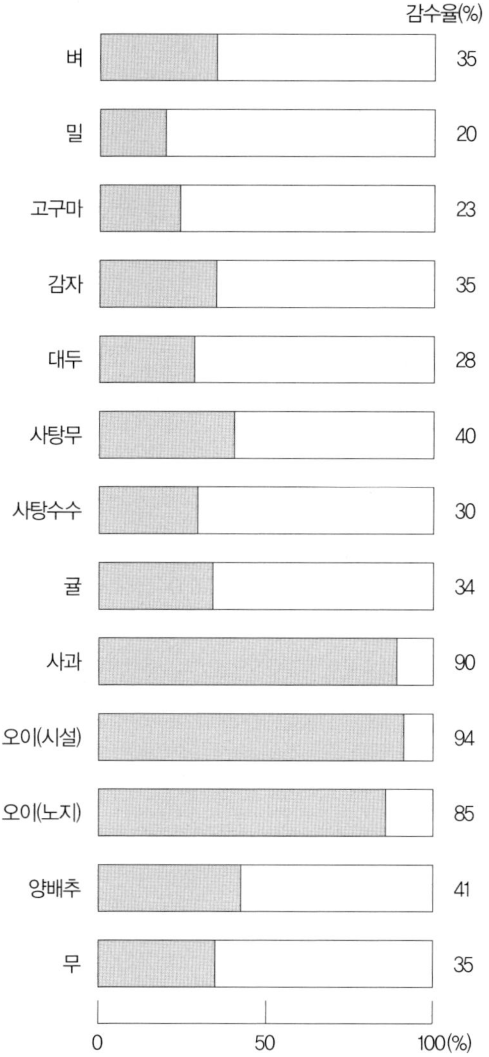

(모리다 : 식물방역 36(1) 1982)

수확한 사과는 주스나 잼 가공용을 제하면 거의 대부분의 양을 전국의 소비자 여러분에게 직접 판매하고 있습니다. 화학합성농약을 일절 사용하지 않으므로 안심하고 껍질째 먹을 수 있다고 호평받고 있습니다.

제가 현재의 실적을 올리기까지 실천해 온 일은 특별히 어려운 것은 없습니다. 산속의 흙, 잡초, 나무의 생태를 주의 깊게 관찰하고 밭을 자연의 모습으로 보다 가깝게 조성하여 사과나무가 생육하기 쉬운 환경을 만들고자 노력한 것뿐입니다. 사과의 자연재배는 결코 불가능한 것은 아닙니다.

심각한 현대농법의 위험성

20세기는 물질문명이라 불리우며 산업은 눈부시게 발전하고 지금 우리가 살고 있는 세계는 그러한 혜택을 받아 정말 편리한 세상이 되었습니다. 그러나 인간이 그러한 편리함을 누리는 대가로서 지구환경의 파괴가 급속하게 진행되고 있는 것도 사실입니다.

농업분야에서도 비약적인 학문과 기술의 발전으로 식량증산이 세계 각지에서 대폭적으로 이루어졌습니다. 그러나 한편 그 뒤에

일본은 세계에서 면적당 농약투입량은 감소 경향에 있다 해도 아직 많다.

서는 사막화가 진행되고 먹거리가 원인으로 생각되는 여러 가지 질병도 발생하게 되었습니다. 이대로 물질문명의 혜택에만 눈을 돌리고 뒤편에서 발생하는 마이너스 면을 무시해 나간다면 21세기의 세계는 밝다고만은 얘기할 수 없습니다.

조금은 오래된 데이터이지만 〈표 1〉은 OECD 주요국의 농약투입량입니다. 그중에서도 투입량이 가장 많은 나라는 일본, 다음이 한국, 벨기에입니다.

일본이 세계에서 농약의존도가 높은 농업을 하고 있는 것은 분명합니다. 다만 자연계에는 없는 인공합성물인 농약에 대해서는 그 폐해와 위험성의 관계를 쉽게 알 수 있어 일본에서도 비교적 이른 시기부터 감(減)농약, 무농약 재배에 대한 시도가 이루어지고 해마다 투입량은 감소 경향에 있는 것 같습니다.

〈표 1〉 OECD 주요국의 농약(활성성분)투입량(1995~1997)

국가	투입성분량(t)		면적당 투입량 (kg/ha)	경지면적 (100만ha)
	1985~1987	1995~1997		
뉴질랜드	3,680	3,752	0.27	13.833
캐나다	35,370	29,206	0.39	75.077
스웨덴	3,885	1,454	0.47	3.088
미국	377,577	373,115	0.88	425.677
오스트리아	5,670	3,552	1.01	3.519
스위스	2,456	1,832	1.16	1.574
헝가리	28,359	8,628	1.42	6.067
덴마크	6,144	4,051	1.48	2.737
EU-15	333,804	253,684	1.82	139.31
영국	40,768	34,910	2.03	17.186
프랑스	96,897	97,229	3.25	29.906
네덜란드	20,241	10,553	5.39	1.958
벨기에	8,806	9,710	7.11	1.365
한국	22,276	25,063	12.41	2.02
일본	97,672	84,850	16.99	4.993

《지구환경과 농업의 방향》(농림수산장려회)

그러면 농약을 사용하지 않는다는 것만으로 환경이나 건강, 안전성의 문제는 해결되는가 하면 그렇지도 않습니다. 최근 들어서는 비료·퇴비의 사용을 원인으로 하는 질산태질소과다를 비롯한 여러 가지 장해와 환경부하에 대해서도 세계적인 관심이 높아지

자연재배 사과밭의 토양은 단립구조를 이루고 푹신한 상태.

고 있습니다.

토양에 투입된 질소비료는 질산태질소라는 형태로 작물의 뿌리에서 흡수됩니다. 그리고 광합성으로 얻어진 당(糖)의 작용으로 아질산, 암모니아태질소, 각종 아미노산이 합성됩니다. 물론 질소 자체는 식물 생육과 생명 유지에 꼭 필요한 영양소입니다.

그럼에도 불구하고 필요 이상의 질산태질소를 공급받은 식물은 세포 속에 이것을 축적해두는 성질이 있습니다. 과잉으로 질산태질소가 축적된 작물은 보통 다른 것보다도 잎 등의 녹색이 진해지는 특징이 나타납니다. 이러한 작물은 미각도 떨어지며 그보다도 인체에 끼칠 영향이 염려됩니다.

질산태질소는 평소에 섭취하는 범위에서는 문제가 없습니다만,

체내에서 아질산염으로 변화하여 이것이 혈중에 들어가면 산소와 탄산가스의 교환을 저해하는 메트헤모글로 빈혈증을 일으킬 우려가 있다고 지적되고 있습니다. 유럽과 미국에서는 실제로 농작물을 통해 질산태질소를 체내에 흡수한 것 때문에 사망사고가 일어났다는 보고도 있습니다. 최근 일본에서도 증가하고 있는 유아돌연사의 원인의 하나로 의심되기도 합니다.

또 토양에 과잉으로 공급되어 작물이 미처 흡수하지 못하여 남은 질산태질소는 비가 내리면 지하수로 흘러들어가 오염의 원인

〈표 2〉 토지이용별 지하수의 질산태질소 농도

이용지	조사 점수	질산태질소 농도(mg/L)		수질기준치 이상 점수
		최저	최고	
산지임지	69	N.D.	3.91	0
태지사면임지	38	0.05	2.76	0
초지	8	0.61	7.16	0
논	51	N.D.	39.91	8
밭	104	N.D.	67.98	57
수원지(樹園地)	19	0.34	35.90	5
시설재배지	15	N.D.	2.85	0
농촌집락	16	0.11	27.89	1
시가지	34	N.D.	22.19	1
기타	10	0.06	6.49	0

《지구환경과 농업의 방향》(농림수산장려회)

이 된다고 생각되고 있습니다.

〈표 2〉는 토지이용별 지하수의 질산태질소 농도를 나타내고 있습니다. 이것을 보면 장기간에 걸친 비료 투여 결과, 농지에 따른 농도가 비정상적으로 높다는 것을 알 수 있습니다. 특히 야채 생산을 주로 하는 밭의 농도에 대해서는 빠른 시일 내의 대처가 필요하다고 생각되어집니다.

손쉽게 입증할 수 있는 자연재배 식품의 안전성

"자연재배로 키운 작물의 좋은 점은 구체적으로 어떤 것인가? 일반적으로 비료나 농약 등을 사용하여 재배한 작물과의 차이는 어디에 있는가?" 라는 질문을 받습니다.

농약·비료를 사용하지 않고 재배한 자연재배 야채·과실은 시장에서의 평가를 얻기 위해 외관이 중요시되는 관행농법과 비교하면 지금으로서는 역시 크기가 작은 것이 많고 어느 정도 외관상 뒤지는 것은 부인할 수 없습니다. 아무리 건강에 좋고 안전하다고 해도 그것이 눈으로 확인되지 않는 한 일반소비자들에게 인지시키는 것은 좀처럼 쉬운 일이 아닙니다.

여기저기 강연회의 강사로 나가다보면 "자연재배의 좋은 점을 눈으로 확인해 보고 싶다"는 요구가 있습니다. 이에 대해 저는 20년 전부터 제 나름대로 실시하고 있는 '야채의 부패실험'의 결과를 소개해 드리고 있습니다.

이 실험은 아주 우연한 계기로 시작하게 되었습니다. 언젠가 아내가 밥을 지으려고 했는데 쌀을 너무 많이 꺼내어 여분의 쌀을 컵에 넣어 두었습니다.

그런데 까마득히 잊고 방치해둔 사이에 부엌일을 하면서 물이 그 속에 들어갔던 것 같습니다. 얼마 후 컵 속의 쌀이 썩고 심한 악취가 났기에 이것을 발견하게 되었습니다.

당시 저의 집에서는 무농약·무비료로 자가 재배한 쌀은 팔고 저의 집에서 먹기 위한 쌀은 사오고 있었지만, 이 부패한 악취의 지독함에 저는 놀랐습니다. '내가 재배한 쌀도 이렇게 지독한 냄새가 날까?' 라는 의문이 생겨 그와 같이 컵에 물과 함께 자가 재배한 쌀을 넣어 방치해두어 보았습니다. 그랬더니 이것은 부패하지 않는 것이었습니다. 한참을 지나도 지독한 악취는 나지 않고 최종적으로는 발효가 진행되어 식초가 된 것입니다.

그 후 당근이나 오이 등 여러 가지 야채를 이와 같은 방법으로 비교 실험해 보았습니다만 결과는 같았습니다. 시간이 지나면서 관행농법의 야채는 검게 변색하고 구토가 날 정도의 악취를 내기 시작하는 것에 반해, 자연재배한 야채는 보기에도 별다른 변화는 없고 부패한 악취도 없었습니다.

흥미로운 것은 야채에 따라서는 일반적인 관행재배한 것보다 오히려 JAS법(일본의 '농림물자의 규격화 및 품질표시의 적정화에 관한 법률') 인정 유기야채의 부패가 더 심했다는 것입니다. 한마디 덧붙인다면 앞에서 시험한 식초로 변화된 쌀을 병에 밀봉해서 지금껏 보관하고 있는데, 수십 년이 경과한 지금도 부패한 악취는 전혀 없습니다.

이 부패실험의 인과관계는 과학적으로 분석한 것은 아니지만, 저는 앞서 말한 질산태질소의 잔류와 관계가 있지 않을까 추측하고 있습니다. 유기야채의 부패에 관해서는 미완숙된 퇴비의 영향이 클 것으로 생각됩니다.

아무튼 재배법의 차이를 눈으로 볼 수 있고 코로 맡을 수 있는 형태로 확실하게 확인할 수 있는 실험으로, 식품의 안전성에 대해 생각할 수 있는 계기가 될 것이라고 생각하여 강연 시에는 이 부패실험의 샘플을 가지고 다닙니다. 실험 자체는 매우 간단하므로 한번 해보시기 바랍니다.

방법은 다음과 같습니다.

〈준비물〉
투명한 유리컵 2개, 한 줌의 쌀(자연재배 쌀과 관행농법 쌀), 물(수돗물이라도 상관없음).

〈실험방법〉
① 2종류의 쌀을 컵에 넣고 각각 쌀이 잠길 정도로 물을 넣는다.
② 컵을 랩으로 싸고 젓가락으로 몇 군데 구멍을 뚫는다.
③ 컵을 되도록 따뜻한 장소에 놓아둔다.

여름철이라면 10일 정도, 기온이 낮은 겨울철은 2~3주간 방치해두면 결과가 나올 것입니다.

대자연의 섭리를 기본으로 하는 자연재배

현재의 농업기술은 쟁기질한 토양에 비료를 뿌리고 병해충에 대해서는 농약을 사용하여 방제하는 것을 전제로 합니다. 우리 같은 농업에 종사하는 생산자 자신도 대량소비에 대응하기 위해 대량생산에는 그렇게 하는 것이 당연하다는 고정관념에 오랫동안 지배받아왔다고 할 수 있습니다.

그러나 그러한 관행농법을 오래 계속해온 결과, 농업이 사람들의 건강을 해치고 지구환경의 악화를 초래한 원인의 하나가 되었다는 사실은 매우 유감스러운 일입니다. 자연의 혜택으로 인류의 생명을 이어가는 일을 생업으로 하는 농업자로서는 본말전도(本末顚倒)라고 하지 않을 수 없습니다.

하나뿐인 소중한 지구를 차세대에 남겨주기 위해서는 지금까지의 고정관념에서 탈피한, 즉 안전하면서 건강에 좋은 작물을 소비자에게 제공하고, 농업이 끼치는 환경 부담을 경감하고, 숫자적으로는 표현될 수 없는 생산력을 갖는 그러한 농업을 지향할 수밖에 없습니다.

오늘날 널리 알려진 유기농법도 결국은 농약을 사용하지 않고 화학비료를 유기비료로 대신한다는 것에 불과하며, 이 고정관념을 전제로 한 것과 다를 바가 없다고 저는 생각합니다. 제가 30년에 걸쳐 실천하며 전국 각지의 농가 여러분에게 제창하고 있는 것은 농약도, 비료도, 축분(畜糞) 등의 유기비료도 사용하지 않는 자연재배입니다.

뒤에서 자세히 소개하겠지만, 제 자신이 이 재배법을 확립하기까지 수없이 많은 시행착오를 반복하며 여러 해 동안 불모의 시기를 인내하며 지내왔습니다. 농사는 자연에서 배우라는 말이 있습니다만, 필사적으로 공부하여도 그 해답은 찾을 수 없었습니다.

그러나 그 말은 역시 틀림없었고 절망의 벼랑 끝에 서있던 저에게 지금의 나를 있게끔 실마리를 준 것은 산에서 자라고 있는 한 그루의 잡목이었습니다.

산에서 자라고 있는 나무는 비료도 없고 병해충의 방제도 받지 못하는 환경 속에서 훌륭하게 생장하고 열매를 맺으며 다음 세대에 그 생명을 이어주고 있습니다.

물론 나무는 단독으로 제멋대로 자라는 것만은 아닙니다. 일조(日照)나 강우(降雨) 등의 기상조건은 물론이며 주위의 다른 나무들이나 잡초, 토양, 새나 곤충, 미생물 등에 이르기까지 모든 자연환경의 균형이 잘 엮어짐으로써 나무 자체도 생장해 나가는 것입니다.

저는 농업의 전문서적이나 참고서적 등에서 얻은 지식으로 머리가 꽉 차서 순수하게 자연을 관찰하는 눈을 잃어버리고 있었던 것입니다. 이 사실을 깨닫게 된 후로는 자연계를 교과서로 삼고 작물이 건강하게 생육하기 위한 환경조성에 마음을 쓰게 되었습니다.

농업의 기본은 토양 만들기라고 합니다. 일반적으로 작물을 키우기 위한 비료분을 흙의 '비력(肥力)', 퇴비분을 흙의 '지력(地力)'이라고도 말하지만, 저는 비료도 퇴비도 사용하지 않고 작물을 생육시키는 힘을 흙의 '위력(偉力)'이라고 부릅니다. 작물이 본래 갖고 있는 힘을 발휘하여 스스로 건강하게 생장해 나갈 수 있는 자연환경의 균형이야말로 흙의 '위력'이며 자연재배는 그 '위력'을 이용하는 것이라고 생각하고 있습니다.

농약도 비료도 퇴비도 사용하지 않는 자연재배라고 하여도 단순히 방치하는 것만으로는 물론 작물은 자라지 않습니다. 어떠한 환경이 작물의 생육에 좋은 것인지, 자신의 몸을 작물로 바꾸어 놓고 관찰하며 거기에 주위의 환경과 균형을 갖추도록 도와주지 않으면 안 됩니다. 바꾸어 말한다면 인간이 작물에게 해줄 수 있는 것은 그 정도밖에 없습니다.

〈표 3〉을 참조해 주십시오. 이 표는 저의 농법을 연구 대상으로 하고 계시는 히로사키대학 농학생명과학부의 스기야마 슈이치 교수에 의한 토양분석 결과입니다. 저의 밭은 무농약·무비료 재배를 해오면서 5년 정도 대두를 하초(下草)로 사용하였으나 그 대두 파종을 그만두고 10년 이상 지난 상태에서의 결과입니다.

주목해 주실 것은 가급태질소량(可給態窒素量)입니다. 당초 일반 관행구획에서는 매년 비료·퇴비 등의 유기물을 투입하여 연간 10여 회의 농약방제가 실시되기 때문에 충분한 질소량이 검출될 것으로 생각되었으나, 분석에서는 의외로 저의 밭의 수치가 웃돌았습니다.

〈표 3〉 관행재배와 자연재배의 토양 비교

토양분석 내용	관행재배 (이웃 사과밭)	자연재배 (기무라 사과밭)
pH	6.027	5.825
인함유량(mg/g)	0.122	0.065
가급태질소량(질소(mg)/토양(100mg))	15.10	17.58
미생물질소량(질소(mg)/토양(100mg))	10.92	12.97
미생물탄소량(탄소(mg)/토양(100mg))	19.03	44.45
함수량(%)	34.9	35.1

결과 (1) pH와 함수량에는 큰 차이는 없다.
(2) 관행구와 비교해서 기무라 사과밭은 토양의 인함유량이 적다.
(3) 기무라 사과밭의 질소는 오히려 관행구보다 많은 경향이 보인다.
(4) 기무라 사과밭은 미생물량이 관행구의 2배 이상이다.

(히로사키대학 농학생명과학부 생물생산과학과)

상세한 것은 불분명하나 다른 구획보다 토양에 미생물이 많아 이들이 질소를 비축해 두고 있기 때문일 것으로 추측됩니다. 미생물을 포함한 다양한 생명이 순환하는 자연의 생태계가 얼마나 풍부한 토양을 만드는지 그야말로 흙의 위력을 증명하는 것이라 생각합니다.

스기야마 교수팀이 촬영한 사과나무 잎 안에 있는 균사(菌絲)의 사진이 있습니다. 농약을 사용하지 않는 자연재배 사과나무 잎 속의 균사밀도가 더 높다는 것을 알 수 있습니다.

비교해 보면 농약살포를 하는 관행농법은 물론, 무농약으로 바꾸어 아직 얼마 되지 않아 병에 걸린 사과나무 잎도 균사의 밀도는 낮습니다. 이런 것이 어떠한 종류의 균사인지는 이후에 해명될 것으로 생각되나 균형이 잘 이루어진 생육환경에서는 사과나무가 병해충을 가까이 오지 못하게 하며 건강하게 자라는 것은 이러한 균류를 포함한 미생물의 덕분일지도 모릅니다.

농약도 비료도 퇴비도 사용하지 않는 자연농법은 특별히 제가 생각해낸 것이 아니고 훌륭한 선견지명을 가지신 선배들이 여러 가지 방법으로 제창해 온 농업 방법입니다. 그러나 대량생산, 대량소비가 우선이 되는 현실에서 생산력이 낮다는 이유로 화제도 되지 못할 뿐만 아니라 오히려 세계의 식량기아 발생으로 이어진다

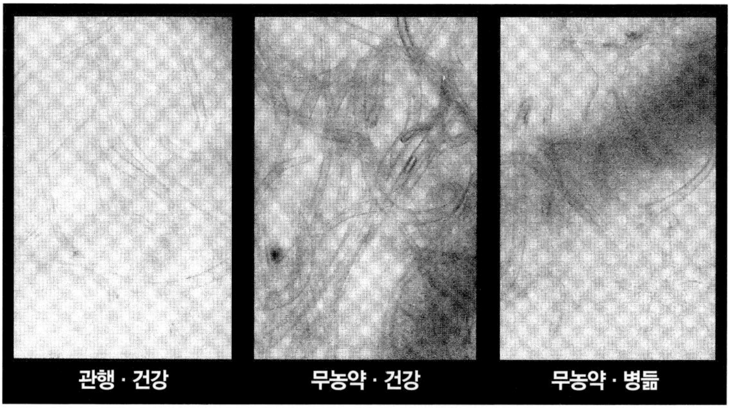

사과나무 잎 안의 균사(10×10배). (사진제공 : 히로사키대학 농학생명과학부 식물병리학교실)

고 비판받았던 일도 적지 않았습니다.

그러나 제가 실천하고 많은 실험을 해본 결과, 품종 등에 의한 차이는 있으나 많은 작물에서 관행농법의 70~80%의 생산량을 올리는 일은 가능했습니다. 사과재배로 악전고투를 해가면서 동시에 해온 자연재배에 의한 벼농사나 밭농사에서는 비교적 순조롭게 성과를 올렸다는 실감을 하고 있습니다.

농약·비료에 의존하면서 계속하여 지구환경에 큰 부담을 주는 농업 방법을 근본적으로 바꿀 수 있는 것은 자연재배밖에는 없다고 생각합니다. 그리고 모든 작물에 공통인 자연재배의 근간은 하나입니다. 모든 것은 자연에서 배운다는 것입니다.

Part
2

안심 먹거리의 혁명,
자연재배

안심 먹거리의 혁명, 자연재배

병충해에 취약한 사과나무

앞에서도 다루었지만 사과는 농약방제 없이는 재배가 거의 불가능한 작물이라고 합니다.

사과는 중앙아시아나 유럽의 산악지대, 코카사스 지방 등의 아한대(亞寒帶)가 원산지로 되어 있는 장미과의 식물로서 고온다습에 극히 취약합니다. 그렇기 때문에 메이지시대(明治時代, 1868~1912) 이후 한랭한 기후인 아오모리현, 나가노현 등에서 많이 재배하게 된 것 같습니다.

그렇지만 일본은 기후적으로 볼 때 고온다습하므로 사과재배에는 적합하지 않고 더욱이 사과가 다양하게 품종개량이 된 것도 병충해에 취약한 작목임에는 틀림이 없습니다. 이런 작물이기에 아오모리현에서는 산지의 병충해의 만연을 막기 위한 목적으로 사과재배에 있어 현조례(縣條例)를 제정하여 농약살포에 의한 방제·관리를 의무화하고 있습니다.

그러한 상황 속에서 무농약·무비료의 사과재배를 한다고 하니 주위에서 '바보', '얼간이', '아궁이 불끌 놈' 등 욕도 많이 먹었는데 그럴 수밖에 없었다고 생각합니다. '아궁이 불끌 놈'은 아궁이의 불을 끈다는 뜻으로, 다시 말해서 파산자를 의미하는 아오모리현의 욕설입니다.

사람들에게 그런 말을 듣지 않아도 어떨 때는 그 같은 욕을 제 자신에게 하면서 한탄하기도 했습니다. 상식 밖의 일을 하면 그것에 따른 대가가 오는 것입니다.

그러나 또한 인간이 멋대로 만들어놓은 상식만큼 불확실한 것도 없습니다. 도전을 시작하고 결과가 나오기까지 꼬박 9년이나 걸렸지만 '아궁이 불끌 놈'은 상식을 뒤엎었습니다. 정말 힘든 시련의 세월이었으나 제가 현재 하고 있는 농법에 이르기까지의 여정을 이야기하려고 합니다.

농업과는 거리가 멀었던 청춘시절

저는 아오모리현 이와키초(현재는 히로사키시와 합병)의 사과농가의 차남으로 태어났습니다. 고등학교 졸업할 당시 가업을 이을 생각은 하지 않았습니다.

당시의 농업은 현재와 같이 기계화되어 있지 않았습니다. 매일 힘든 농사일에 쫓기는 부모님의 모습을 보아왔기 때문에 이렇게 힘든 일에는 꿈이란 없다고 생각했던 것입니다.

학창시절 학교 공부는 뒷전이었고 한동안 오토바이에 몰두했었습니다. 다만 주산 3급이나 부기 2급의 자격을 따면 졸업할 수 있었기에 2학년부터 분발하여 부기 1급을 취득하였습니다. 기계를 만지는 것과 마찬가지로 숫자를 다루는 것은 그럭저럭 좋아했습니다.

회계업무를 해보고 싶었던 저는 졸업을 앞두고 공인회계사 시험을 봤습니다만 불합격했습니다. 그래서 다시 취직시험을 봤는데 다행히 수송기기 회사에 채용되어 가와사키에 있는 본사 원가관리과에 배속되었습니다.

회사원 시절은 수도권의 여러 가지 관련기업으로 파견근무를 다녔습니다. 그런 곳에서는 물론 원가관리 일도 했습니다만 전문가

들과 어울려 오토바이 기계를 만지는 것에 열중하기도 했습니다.

그러던 중 저는 기계 다루는 일에 익숙해져서 손으로 만지기만 해도 1,000분의 1mm의 차이 정도의 오차도 알 수 있게 되었습니다. 어엿한 프로기술자의 감각을 몸에 익히게 된 것이었습니다. 저는 이처럼 별난 사원이기도 했었지만 실은 이러한 체험이 고향으로 돌아가서 농사에 종사하게 된 계기가 되기도 했습니다.

인간은 기술과 감각을 연마할 때 그것을 통해 눈에 보이지 않는 세계도 인식할 수 있게 됩니다. 몸에 익숙해진 농사일일지라도 이런 프로정신으로 끊임없이 연구하면 뭔가 큰 성과를 올릴 것 같았습니다.

농약을 줄이는 작업부터 시작된 자연재배

저는 1971년 큰 희망을 안고 고향에 돌아왔습니다. 당연한 일입니다만 농업은 그리 쉬운 일이 아니었습니다. 차남인 저는 1972년 9월 결혼하여 아내 미치코의 친정에 양자로 들어가서 기무라가(家)에서 사과재배를 시작하게 되었습니다. 당시는 모두 관행농법이었습니다. 현의 지도에 따라 비료와 농약 등을 사용했고 그런대로 수확을 올렸습니다.

농약에 대해서는 표창을 받아도 좋을 만큼 많이 사용했던 기억이 있습니다. 마침 제1차 석유파동의 전년쯤인 1973년경이었다고 생각합니다. 파라티온계, 엔드린계, 드린계, 석회보르도액 등은 연간 횟수가 한정되어 있으므로 한 번에 되도록이면 높은 효과를 내려고 이런 것에 살충제, 살균제를 섞어서 열심히 살포했었습니다.

당시는 고성능인 스피드 스프레이 같은 것은 없었기 때문에 모든 것은 손으로 직접 살포했습니다. 이것은 상당한 중노동입니다.

우비나 낡은 코트를 껴입고 동력분무기를 등에 지고 살포하다 보면 사과에서 떨어지는 농약방울, 바람에 휘날려 흩어지는 농약이 가차 없이 작업자에게 떨어져 내립니다.

코트의 소매나 옷깃에 농약이 스며들고 젖은 피부는 알칼리 염증을 일으킵니다. 심할 때는 물집도 생기고 눈 등에도 옻이 오른 것 같은 상태가 됩니다. 증상의 정도는 개인차가 있어 제 경우는 심하지는 않았지만 아내는 꽤 심각한 상태였습니다.

그러다가 급기야 아내는 농약을 살포한 후 일주일은 밭에 나갈 수 없는 상태까지 이르게 되었습니다. 시기에 따라서는 한 달에 4회 살포하게 되므로 일주일 밭에 나갈 수 없다는 것은 한 달은 일을 할 수 없는 것이나 마찬가지가 됩니다. 아내도 안 됐지만 저의 작업부담도 가중되고 큰 고민에 빠지게 되었습니다.

이러한 농약살포에서 오는 피해로 고통당하는 것은 비단 저희 집뿐만 아니라 사과농가라면 어디나 똑같은 고통을 받고 있다고 생각합니다. 당시의 아오모리현의 사과 생산은 한마디로 몸을 바친 농가의 노력으로 지탱되고 있었던 것입니다.

농약의 폐해가 문제시되고 있는 현재도 기계화가 이루어져 부담이 줄고 살포의 빈도가 억제되었다고는 하지만 기본적인 재배방법에는 변화가 없습니다. 하물며 35년 전 이야기입니다. 당시 사과농가로서는 자신의 몸을 상해가면서까지라도 수확량을 확보하고 좋은 작물을 얻기 위해서 그렇게 하는 것은 당연했던 것입니다.

그러나 겨우 수년간이기는 하지만 농업과는 동떨어진 환경에서 생활하여 일반 농가와는 다른 각도에서 사물을 보게 된 까닭에서일까요? 저는 그것이 당연한 것으로 여겨지지 않았습니다. 이 농약만 살포하지 않는다면, 아니 살포하는 횟수를 줄일 수만 있다면 가족 모두가 작업을 할 수 있었기에 어떻게 해서든 농약을 줄이고 싶다고 생각하게 되었습니다. 그렇습니다. 저의 자연재배는 농약을 줄이는 작업부터 시작된 것입니다.

마침 그 무렵 좋은 책 한 권을 만났는데 그 영향이 컸습니다. 자연농법의 선구자인 후쿠오카 마사노부 씨의 《자연농법》(시사통신사

발행)입니다. 농약도 비료도 필요없다, 밭을 갈 필요도 없다, 아무것도 하지 않는다는 부분에 매우 감명을 받았습니다. 다만 후쿠오카 씨의 책에는 사과에 대해서는 한 줄도 언급이 없었습니다.

책의 배경은 온난한 남부의 에히메현이고 북부의 아오모리현과는 너무나도 조건이 다릅니다. 자연농법으로 귤은 가능하지만 과연 장미과 낙엽수인 사과재배가 가능할 것인가 의문이 컸습니다. 그러나 자연농법이라는 생각에 크게 매력을 느낀 것은 사실입니다.

저는 막연하지만 자연농법을 최종적인 꿈으로 정해놓고 우선은 농약을 줄이는 것부터 시작하여 제 나름대로의 방법으로 할 수 있는 데까지 해보기로 결심했습니다.

1975년 무렵입니다. 농약살포 횟수를 줄이는 문제는 저만의 결단으로 진행할 수는 없었습니다. 그 무렵 아직 건재하셨던 장인과 상담을 하였더니 역시 장인도 농약으로 건강을 해치고 있는 딸의 모습을 보기 힘들었었겠지요. 아니면 어쩌면 장래를 생각해 젊은 세대의 생각을 존중해 주셨는지도 모릅니다. 쾌히 승낙해 주셔서 연 10회 뿌렸던 농약살포를 우선 절반인 5회로 줄이기로 했습니다.

첫해 결과는 상상 이상의 것이었습니다. 걱정했던 병충해의 피해도 별로 없었고 품질·수확량 모두 전년과 다를 바 없었습니다. 가족이 함께 하는 작업의 부담도 훨씬 줄어들고 그야말로 좋은 일

뿐인 것처럼 느껴졌습니다. 그리고 다음해 3회로 줄였습니다. 이때도 병충해 발생은 약간 증가하였으나 매출에서 생산을 위한 경비를 제한 순이익은 반대로 증가하였습니다. 고등학교 시절 취득한 부기의 지식은 농업경영에도 도움이 되었습니다.

구태여 말할 것은 아니지만 농약사용량을 줄인다는 것은 그만큼 지출도 줄인다는 것입니다. 그 결과 무농약 재배라도 충분히 타산이 맞겠다고 생각하며 기대에 부풀어 이듬해는 1년에 1회로 살포를 줄이기로 했습니다.

이와 같이 서서히 감농약 재배를 실천해 나가면서 저는 농업 잡지나 사과재배 지도서는 물론 식물학 관련 서적, 토양 구조에 관한 서적, 비료·퇴비의 기술서적 등등 손에 넣을 수 있는 모든 관련 서적을 독파하고 지식을 축적해 나갔습니다.

이러한 과정에서 저는 감농약에서 무농약 재배로, 그리고 그 후의 자연재배 실현을 꼭 이루어야겠다는 강한 의지를 갖게 되었습니다. 농약으로 고민하는 가족을 위해 시작한 감농약 재배였으나 농업은 국민의 먹거리를 담당하여 생명을 키워가는 가장 중요한 일이며, 생산자는 조금이라도 안전한 작물을 생산하는 일에 최선을 다해야 한다고 생각하게 되었습니다.

그리고 연 1회 살포라도 그런대로 괜찮은 결과를 얻은 저는 자신만만이었습니다. 만전의 준비로 무농약 재배로 순탄하게 이행할 수 있다고 확신했습니다.

당시의 기무라가의 사과밭은 4구획으로 합계 6,600평, 논이 600평이었으나 갑자기 전면 무농약으로 전환하는 것은 위험이 크기 때문에 1년에 한 구획씩 살포하지 않는 밭을 늘려나가고, 그 사이 판매처를 확보해 나가면서 최악의 경우 가족이 먹을 쌀은 자급하면 어떻게 되겠지 라고 생각했습니다.

남은 일은 장인을 설득하는 일이었습니다. 역시 감농약과 무농약 사이에는 큰 차이가 있고, 그런 것을 시도하는 사과농가는 어디에도 없습니다. 쉽게 납득은 안 되겠지만 어떻게든 도전해 보고 싶었습니다. 결사의 각오였습니다.

어느 날 밤 장인과 함께 술을 마시면서 전년의 수입지출 장부를 앞에 놓고 내년부터 무농약 재배를 하고 싶다는 말을 꺼냈습니다. 십중팔구 거절당할 것을 예상했는데 의외로 대답은 해보라는 것이었습니다. "그래, 한번 잘 해봐라"라고 바로 승낙해 주셨습니다. 왜 이렇게도 간단하게 허락해 주셨는지 훗날 그런대로 사과를 수확할 수 있게 되었을 때 장인께 여쭈어 보았더니, 어차피 불가능할 것이고 2~3년 하다가 그만두겠지 라는 생각이었다고 속마음을 말씀해 주셨습니다.

하지만 저는 반대로 2~3년이면 궤도에 오를 것이라고 생각했었고, 결국 어느 쪽 예상도 빗나가고 기무라가는 뜻밖에도 고난의 길을 걷게 되었습니다.

농약살포를 그만두자 시작된 지옥의 나날

1978년 무농약 재배를 시작하기에 앞서 겨울 동안 우선 준비한 것은 흙 만들기였습니다. 저는 그때까지 사용했던 시판비료의 사용을 그만두고 계분(鷄糞)을 소재로 자가 퇴비를 만들었습니다.

정미소에서 쌀겨껍질을 받아다가 볏짚이나 마른풀 등을 대량으로 수집, 이것에다가 계분, 쌀겨, 흙 등을 섞어 발효시키고 흙을 잘게 부수어 뒤집어줍니다. 일반적인 농작업 후에 하기 때문에 매우 중노동이었으나 이제야말로 목적을 갖고 자신의 농업을 추구할 수 있다는 생각에 빨리 봄이 오기만을 기다렸습니다.

눈이 다 녹아 없어지자 그동안 정성들여 만들어 놓은 퇴비를 주었습니다. 당초의 예정대로 4구획에 있는 사과밭의 한 구획을 무농약으로 정해놓고 작업을 추진했습니다.

그해도 평소와 마찬가지로 5월 상순이 되자 사과나무에는 하얀 꽃이 피었습니다. 무농약인 구획에서는 여기저기 벌레가 눈에 띄기는 했으나 지난해와 비교해서도 그다지 신경 쓸 정도의 양은 아니었습니다. 이 정도라면 가을에는 그럭저럭 수확을 올릴 수 있겠다고 내심 반은 안심하고 있었습니다. 봄까지는 모든 것이 순조로웠습니다.

그러나 장마가 시작되면서 그야말로 지옥의 나날이 시작되었습니다. 6월 하순이 되자 사과 잎에는 갈색의 반점이 보이기 시작했습니다. 고온다습이 원인의 하나로 알려진 반점낙엽병입니다.

7월에 들어서자 반점은 확대되고 그러면서 잎 전체가 황색으로 변하더니 차례차례 떨어져 버렸습니다. 기온의 상승과 더불어 잎말이나방, 자벌레 등의 해충이 대량 발생을 하고 지금까지 전혀 볼 수 없었던 무참한 사과밭의 모습에 어찌할 바를 몰랐습니다. 주위에 있는 사과밭은 푸르고 무성하게 자라고 있는데 무농약 재배하는 한 구획만 쓸쓸한 만추와 같은 광경이었습니다. 병이 들고 벌레가 먹어 8월 초순에는 잎사귀 하나 남아 있지 않았습니다.

결국 무농약 재배를 시작한 해에 사과나무는 모두 4번이나 잎을 내고, 그리고 잎이 나올 때마다 해충에게 먹히고 벌거숭이가 되는 일을 반복했습니다. 잎이 없는 상태이지만 나무는 지난해 비축해 두었던 양분이 있었던 때문일까요? 작은 열매를 맺기는 하였으나 당연히 상품이 될 만한 것은 아니었습니다. 먹어봐도 쓴맛인지 떫은맛인지조차 판단이 가지 않는 전혀 맛없는 사과였습니다.

또 놀란 일은 9월이 되자 같은 해 두 번째 꽃이 피었습니다. 기온이 내려가고 잎이 없는 상태의 나무는 봄이 왔다고 착각을 일으켰나 봅니다.

사과나무는 1년에 한 번밖에 꽃이 피지 않습니다. 두 번째 핀 꽃은 이듬해 분의 꽃인 것입니다. 따라서 이듬해에는 꽃을 피우지 않을 것입니다. 1년에 두 번 꽃을 피운 사과나무는 이듬해 꽃도 피우지 못하고 열매도 없습니다. 이러한 내용은 어느 참고서에도 없습니다.

사과재배에서 자주 이야기하는 "잎을 소중하게 다루십시오"라는 말이 이런 교훈이었던가 봅니다. 관행농법에서는 모두가 정해진 대로 농약살포를 시행합니다만 결국 이 방제가 잎을 보호하게 되고 어느 누구도 1년에 두 번 개화를 체험하는 일은 없습니다.

솔직히 그때 저는 농약이 어쩌면 이렇게 훌륭한 것인가 하고 생각했습니다. 농약의 혜택을 부정함으로써 처음으로 자연의 혹독함을 뼈저리게 느꼈습니다. 무농약 재배 개시 1년째, 저의 심경은 초조함을 넘어 머릿속에는 '실패'라는 말이 맴돌았습니다.

'그렇게 많은 문헌을 찾아 읽고 연구를 거듭했음에도 불구하고

실패라니!'

제 자신이 사과에 대한 모든 것을 알고 있다는 듯이, 간단히 무농약으로 이행할 수 있겠다고 쉽게 생각했던 저를 결국 자연이, 아니 사과나무가 통렬하게 벌한 것이라 생각되었습니다.

그러나 4구획의 밭 중 세 구획은 한 번 농약살포를 실시했으므로 그럭저럭 수입은 있었습니다. 주위의 사과농가에서는 내년에는 꼭 좋은 열매를 맺을 거라고 격려를 해주는 처지가 되었던 것입니다.

차츰 복원되어 가는 자연 생태계

다음 해는 무농약 재배 구획을 하나 더 늘렸습니다. 생육 사이클이 긴 과수는 새로운 시도에 도전하더라도 그 결과를 얻기까지는 시간이 필요합니다. 다시 말해서 실험은 1년에 한 번밖에 할 수 없습니다. 사과의 무농약 재배, 자연농법과의 씨름은 장기전의 양상을 띠게 되었으며 저는 해마다 방법을 바꿔보면서 해답을 꾸준히 찾았습니다.

구체적으로는 병해충 대책에 대해서 말한다면 2년째는 마늘을 갈아서 이것을 100배로 희석해서 살포했습니다. 3년째는 또 새로운 구획에서 파에다가 간장을 섞어 마찬가지로 희석해서 살포, 그리고 모든 밭을 무농약 재배로 전환한 4년째는 밭의 흙을 물에다 풀어 만든 진흙물을 사과나무에 뿌려 보기도 했습니다.

남들이 보면 뭐든 닥치는 대로 하는 것처럼 보였을지 모르지만, 이 모든 것이 제게는 그만한 이유가 있었으며 시도해 볼만한 가치가 있는 것이었습니다. 마늘이나 파에서는 함유된 살균성분을 이용하려고 했으며, 진흙물에서는 밭의 토양균(좋은 균도 있으면 나쁜 균도 있겠지만)을 이용하여 병원균을 억제할 수 있을 것이라고 생각했던 것입니다.

여러 가지 방법을 해보아도 별 성과는 없었습니다만, 그중에서도 가장 효과가 있던 것은 의외로 진흙물이었습니다. 그러나 그것도 고작 하나의 사과나무에 2~3장의 잎사귀가 남는 정도일 뿐이었습니다.

여러분은 나뭇잎이 떨어지는 소리에 귀를 기울여 보신 적이 있으십니까? 평상시라면 그것은 신경 쓰이지도 않는 아주 작은 소리일 것입니다.

그러나 그때의 제게는 한 장의 잎사귀가 이렇게 큰소리를 내면서 떨어진다는 것이 새삼스러웠습니다. 사락거리며 잎이 떨어지는 소리는 가슴을 찢어내는 것 같은 울림이었습니다. 저뿐만 아니라 아내의 귀에도 그렇게 들렸을 것입니다. 겨우 한 장의 잎사귀를 지키는 것이 이렇게 어려운 일인지 정말 몰랐습니다.

잎사귀를 파먹히고 열매도 없는 사과밭에서 할 수 있었던 일은 손으로 직접 벌레를 잡는 일이었습니다. 최소한 인접한 사과밭에 폐를 끼쳐서는 안 된다는 생각으로 특히 도로변과 인접한 밭은 중점적으로 벌레잡기 작업을 했습니다. 한 그루의 사과나무에 놀랍게도 슈퍼마켓 비닐 한 봉지분의 벌레가 붙어 있었습니다.

그러나 아무리 잡아도 없어지지 않았습니다. 잡을 때마다 다른 곳에서 나타나고 가지에 얼마 남지 않은 잎사귀를 가차 없이 먹어 버립니다.

'잎말이나방, 자벌레, 애벌레(모충 : 毛蟲)…… 이런 것들은 어디서 나오는가?'

저의 밭이 발생원은 아니었습니다. 주의해서 관찰해 보니 다른 곳에서 성충이 날아오는 것이었습니다. 마치 주위에 살포된 농약을 피해서 도망 오는 것처럼…….

아무리 손을 쓰고 노력해도 헛수고뿐인 벌레잡기 작업이었으나 병충해로 비참해진 밭을 자세히 들여다보고 있다가 신기한 것을 발견했습니다. 무농약을 개시하고 2년째 진드기가 보이지 않는 것이었습니다.

그리고 3년째에는 사과굴나방이 없어졌습니다. 동시에 무당벌레, 나나니벌, 말벌 등을 자주 보게 되었습니다. 이런 것들은 사과굴나방의 천적입니다. 시험삼아 나무에 있는 벌집을 조금 부수어 그 속을 들여다보니 구멍이란 구멍에는 잎말이나방 등의 해충이 벌의 식량으로 비축되어 있었습니다.

농약을 뿌리지 않았더니 자연 생태계에서 일반적으로 이루어지는 먹이사슬 시스템이 부활하고 있는 것이었습니다. 그 후로도 매년 해충의 모습은 사라져 갔습니다만 묘하게도 매년 한 종류씩, 그것도 전년에 크게 발생한 해충이 없어졌습니다.

'대자연은 쉽게 내 뜻대로 움직여주지는 않지만, 그래도 한걸음 한걸음씩 자연재배의 꿈이 이뤄지고 있는 것이 아닐까?'

시들어 버릴 것만 같았던 마음을 다시 소생시켜주는 현상인 것이었습니다.

사과가 열리지 않는 사과나무

제가 본격적으로 사과재배에 종사하게 되어 3년 정도 되었을 무렵 아오모리현은 사과병해충에 관한 조례를 제정했습니다. 이것은 흑성병, 반점낙엽병, 부란병 등의 병해충에 대한 비료·농약 그 외의 동등한 효과가 있는 자재로 철저하게 관리하고 방제를 하라는 취지의 조례입니다.

그러한 병해가 인정될 경우 적절한 방제관리할 것을 통고받으

흑성병에 걸린 잎.
(사진제공 : 히로사키대학 농학생명과학부 식물병리학교실)

반점낙엽병에 걸린 잎.
(사진제공 : 히로사키대학 농학생명과학부 식물병리학교실)

부란병에 피해본 가지.
(사진제공 : 호우센대학 농학생명과학부 식물병리학교실)

며, 통고를 무시할 경우 강제벌채당하고 30만 엔 이내의 벌금이 부과된다는 엄격한 규제입니다. 주로 방치된 과수원에 대해 적용되는 조례이며 다행히 제가 단속을 당하지는 않았으나 알고 있는 세 곳의 사과농가가 강제벌채를 받았습니다.

병해충이 만연하면 피해는 한 농가에 그치지 않고 주변에 큰 손해를 가져옵니다. 현 조례도 그러한 사태를 미연에 방지하려는 목적으로 제정된 것이며, 사과생산자들의 병해충에 대한 경계의식은 매우 높습니다.

무농약을 시작하고 2~3년 사이는 저를 동정어린 눈으로 지켜봐주던 인근의 생산자들이었지만, 매년 잎을 떨어뜨리고 수확을 올리지 못하는 상황이 계속되자 점차 저를 바라보는 시선들이 차가워지는 것은 피할 수 없는 것이었습니다. 앞에서 말한 '바보', '얼간이', '아궁이 불끌 놈'이라는 욕설도 모든 사과밭을 무농약 재배로 바꾼 4년째가 끝날 무렵부터 다시 제 귀에 들려오게 되었습니다.

실제로 그 무렵부터 저의 가정은 '아궁이 불끌 놈'이라고 독설을 들어도 어쩔 수 없을 정도의 경제상황이었습니다. 어쨌든간에 사과재배가 주체인 농가라고 하면서 사과 한 개 열리지 않는 것이었습니다.

더욱이 현금수입이 전무하기 때문에 우체국 직원으로 근무하고 계시던 장인의 연금을 가불하여 생활비로 충당해 나가는 날들의 연속이었습니다. 당시 초등학교 6학년이었던 장녀의 수업참관일, 방과 후에 혼자 남겨져 담임선생님께서 읽어주셨던 딸의 글짓기는 잊을 수 없습니다.

"저희 아버지 직업은 사과를 만드는 일입니다. 그러나 저는 아버지가 만드신 사과를 한 번도 먹어본 적이 없습니다……."

누가 먹이고 싶지 않겠습니까? 먹여주고 싶어도 사과가 열리지 않는 것을. 되돌아보면 이 무렵 세 딸들에게 부모로서 해줄 수 있었던 것이 아무것도 없었습니다. 얄궂게도 사과 시세는 급등하여 주변의 농가들은 모두 유복한 생활을 하는데, 저의 집 딸들은 구멍이 뚫린 양말을 신고 다녔으며, 연필 한 자루 살 수 없는 형편이었습니다.

동료들은 "이제 그만두어라", "아이들도 좀 생각해라", "조금은 농약을 사용해도 아무도 몰라" 하면서 수없이 충고를 해주었습니다만, 거짓말을 하면서까지 무농약의 간판을 내세우고 싶지는 않았습니다. 구매해주시는 소비자를 배반할 수는 없습니다.

게다가 매년 해충이 모습을 감추어가고 있고 더디기는 하지만 목적을 향해 전진하고 있다는 나름대로의 느낌도 있었습니다. 결국 저는 아내·아이들을 돌보지 못하고 자신이 믿고 있는 길을 밀고 나가는 것을 선택했던 것입니다. 당시를 돌이켜보면 지금도 가족들에게 미안할 뿐입니다.

눈에 보이지 않는 토양의 중요성

무농약 재배를 시작한 지 5년째. 해충의 종류는 해마다 확실하게 줄어들기는 하지만 이렇다 할 성과는 전혀 없었습니다. 다시 말해서 변함없이 잎사귀는 잎말이나방, 자벌레에 당하기 일쑤이고 사과는 단 한 개도 열리려고 하지 않았습니다.

벌레를 잡는 것 외에 달리 할 수 있는 작업도 없어서 제 나름대로 지금의 상태를 과학적으로 분석해 보려고 시도했습니다. 카메라는 갖고 있었으나 현상료가 없어 신문보급소에서 남은 전단지를 얻어다가 그 뒤쪽에 친구한테서 빌린 현미경으로 관찰한 벌레나 벌레 먹은 잎사귀의 모양을 스케치했습니다. 덕분에 지금까지 생각해 보지도 못했던 벌레의 생태를 알 수가 있었습니다.

또 농약 대신에 다른 것들을 사용해보면서 앞에서 말한 진흙물과 식초를 살포하는 것이 병해충방제용으로 기대할 수 있다는 것을 알게 되었습니다.

'책을 읽는 것만으로는 알 수 없는 사실이 얼마나 많은가?'

모든 본보기는 자연 속에 있고 스스로 시행착오의 체험을 하지 않고서는 구하려는 답을 얻을 수 없다는 것을 조금씩 깨닫게 되었습니다.

그러나 여전히 사과밭 부활에 광명은 비쳐오지 않았습니다. 꽃도 피지 않고 열매도 없고 나무는 점점 약해져 갔습니다. 제일 먼저 농약을 그만둔 구획에서 우연히 줄기를 만져보았더니 힘없이 흔들리는 것이었습니다. 어린 나무가 아니라 수령이 20~25년, 직경 30cm 정도로 큰 나무인데 고사 직전까지 되었습니다.

그 후로 저는 사과나무 한 그루 한 그루에게 "꽃도 열매도 맺지 않아도 좋으니까 제발 죽지만 말아라. 부탁이니까 제발 힘 좀 내줘!" 하고 말을 걸며 간절한 마음으로 사과밭을 돌았습니다. 이것밖에 제가 나무에게 해줄 수 있는 것이 없었습니다. 그런 저의 모습을 보며 주위 사람들은 '드디어 기무라가 미쳤다'고 생각한 것 같습니다.

소문이 퍼지자 저 역시 사람들의 눈을 의식하게 되고, 옆의 밭과 경계에 가까운 나무에게는 말을 걸지 못하였습니다. 그러자 이상하게도 600그루의 사과나무 중 말을 걸지 않았던 82그루만 죽어버렸습니다.

그것이 단순히 우연인지, 아니면 옆집 밭의 농약살포 등의 영향을 받았기 때문인지 원인은 잘 알 수 없습니다. 다만 작물에게 마음으로부터 애정을 갖고 말을 걸어주는 것이 그 후로 저의 습관이 되었습니다.

또 사과나무가 흔들흔들 움직이게 되자 지금까지 사과나무의 지상부에만 신경을 써왔던 자신을 깨닫게 되었습니다.

'어쩌면 흙이나 뿌리에 문제가 있는 것은 아닐까?'

대량으로 발생하는 벌레와 쉽게 떨어져 버리는 잎사귀만 보고 땅속에 대해서는 전혀 신경을 쓰지 않았던 제 자신이 너무 어리석게 느껴졌습니다.

사과재배에 고투하고 있을 때, 저는 벼농사와 밭농사에서도 무농약·무비료 재배를 시도해 보았습니다. 사과와 비교하면 벼나 야채는 고맙게도 생육 사이클이 짧으므로 단기간에 많은 실험을 할 수 있습니다.

저는 술집에서 빈병을 대량으로 구해다가 여기에 논이나 밭의 흙을 집어넣고 실제로 파종을 하고 모종을 심어 실험을 반복했습니다. 빈병을 사용한 이유는 투명한 유리제품으로 병속의 뿌리가 뻗어나가는 모습을 한눈에 확인할 수 있었기 때문입니다.

실험에 대한 상세한 것은 뒤에서 소개하겠습니다만 어쨌든 이러한 시도에 의해 무농약·무비료 재배에는 지하부, 다시 말해서 토양의 상태가 매우 중요하다는 것을 알 수 있었습니다. 결과적으로 쌀이나 야채의 자연재배에 대해서는 사과보다 한발 앞서 그 목표를 세울 수 있었습니다.

그러면 왜 사과의 경우는 지하부의 발상이 떠오르지 않았을까요?

과수인 사과재배는 쌀이나 야채보다도 어렵다는 관념이 눈을 흐리게 한 원인인지도 모릅니다. 그런 고정관념을 갖게 하는 것 자체도 사과재배가 안고 있는 어려움의 하나인 것 같습니다. 실제로 지하부, 즉 토양에 문제가 있다고 깨달은 저도 어떻게 하면 좋은지 구체적인 방책이 있었던 것은 아닙니다.

이 무렵 제 고등학교 시절 유행했던 '젊은이들'이란 포크송의 가사가 끊임없이 생각이 나서 몸에 사무쳤습니다. "너의 가는 길은 끝이 없이 멀다"라는 가사가 마치 제 자신의 일인 것 같다고 느꼈던 것을 기억하고 있습니다.

해답을 찾은 산속의 '사과나무'

무농약을 시작한 지 6년째가 되자 생활의 궁핍의 정도가 극도로 심해졌습니다. 어쨌든 현금이 없으니까 세금을 낼 수 없었고, 농협의 출자금을 세금으로 돌렸습니다. 그래도 모자라서 가재도구나 밭은 압류당하고 재판소의 조사원이 수도 없이 방문했던 것을 기억하고 있습니다.

또 몇 번이나 경매에 넘어가고 그때마다 얼마간의 세금을 지불하고 취하신청을 했습니다. 그 돈은 당연히 빚이었습니다.

처음에는 빌린 돈을 갚기 위해 은행에서 도보로 10분 거리인 저의 본가에도 몇 번인가 돈을 빌리러 갔습니다. 은행에 얼마간의 돈을 갚으러 가면 "어차피 친척한테서 빌려온 돈이잖소. 이것을 갚아버리면 생활이 안 될 터이니 그냥 가져가시오"라고 하였습니다. 지역이 좁으니 제가 어떠한 상황에 놓여 있는지 모두 알고 있었습니다.

결국 마을에서 가장 가난한 집으로 낙인찍히고, 친척에게서도 관혼상제의 연락도 끊기게 되었습니다.

더 이상 주위에 신세만 질 수는 없었습니다.

'이번에는 토양개량 방법으로 대두를 심어보자.'

그러나 이미 올해도 잎말이나방과 자벌레에 당할 뿐이었습니다. 사과밭의 이미지와는 거리가 멀었습니다.

'이것으로도 안 되면 역시 무농약을 포기해야 하는 걸까?'

사과의 자연재배는 반드시 가능할 것이라고 언제부턴가 강하게 믿고 있었던 자신이었지만, 한편으로는 너무나 냉엄한 현실과 한심한 제 자신의 처지에 쫓긴 탓인지 가슴 깊숙한 곳에서 무거운 절망감이 자리를 잡고 있었습니다.

사과밭에 대두를 다 뿌린 저는 벌레잡기를 시작했습니다. 집에 돌아가는 길에 인근 농가로부터 불평을 듣기 싫어서 모두가 돌아갈 때까지 그렇게 하는 것이 일과가 되었습니다.

그날도 마침내 주위에 인기척이 사라지고 날도 저무는 7시가 넘어서 정신을 차리고 보니 어떻게 된 일인지 저는 끈을 엮고 있었습니다. 굵기, 길이, 목을 매기에 딱 좋은 끈이었습니다.

왜 그렇게 됐는지는 모르겠습니다만, 그때의 제 심정을 또렷하게 기억하고 있습니다.

"주위 사람들에게는 아무런 원망도 없습니다. 제가 어처구니 없는 일을 해서 이렇게 된 것입니다. 돈도 한 푼 없고, 가족, 친척들에게 죄송합니다."

저는 엮은 끈을 손에 들고 제가 목 맬 장소를 찾아 정처 없이 걷기 시작했습니다. 달이 아름다운 밤이었습니다. 이와키산을 어느 정도 올라간 것 같았습니다. 이와키산은 예전에 농림성의 식료개발 사업으로 중턱까지 개척됐었으나 그 후 방치되어 농지는 거의 자연으로 돌아가버린 상태였습니다.

죽을 장소를 찾고 있던 제 눈에 달빛에 비춰 환하게 떠오르는 사과나무가 있었습니다.

"아니, 이런 곳에 아직도 사과밭이 있었던가?"

자살하러 온 것도 잊고 저는 그 밭에 들어가 보았습니다. 사람의 손이 가지 않은 지 오래된 버려진 밭은 제 어깨 높이까지 풀이 무성히 자라고 있었습니다. 그것을 헤치면서 걸아가 보았더니 향긋한 흙냄새가 코로 흘러 들어왔습니다. 발아래는 푹신푹신한 느낌이 마치 쿠션을 밟고 있는 것 같았습니다. 저는 사과나무 앞에 섰습니다.

"놀랍다! 벌레가 없어!"

당연히 농약살포 같은 것은 했을리도 없는데 그 나무는 제 사과나무와는 크게 달랐습니다. 벌레의 피해는 하나도 없고 씩씩하게 가지를 뻗히고 잎사귀가 무성하게 자라고 있었습니다. 멍하니 서 있던 저는 갖고 있었던 끈을 어디에 떨어뜨렸는지조차도 생각도 못하고 그대로 집으로 돌아왔습니다.

다음날, 날이 밝자 저는 같은 장소에 가보았습니다. 대충 이 근처였는데 하고 발을 들여놓자 어제의 끈이 떨어져 있었습니다.

'틀림없이 이 장소다!'

그리고 어제 봤던 사과나무를 보고 또 봤더니 그것은 사과나무가 아니라 자연적으로 열매에서 싹이 나서 자란 도토리나무였습니다.

“이것이 해답이다!”

천둥으로 머리를 얻어맞은 기분이었습니다. 저의 무참한 사과밭과는 너무나도 다른 눈앞의 광경. 풀은 여기저기 제 맘대로 자라고 있었고, 그 속에서 씩씩하게 잎을 무성하게 내고 있는 도토리나무는 그야말로 건강 그 자체였습니다. 농약은 물론 비료가 없어도, 무엇보다도 사람의 손이 전혀 가지 않는 환경에서 훌륭하게 자라고 있는 그 모습은 경외함마저 느끼게 했습니다.

주위를 주의 깊게 관찰해 보았더니 잎말이나방과 같은 해충류는 보이지 않지만 나비나 메뚜기, 풍뎅이, 벌, 개미 같은 벌레들이 각자의 생명을 이어나가기 위해 조용히 활동하고 귓가에는 어디선가 새의 지저귀는 소리가 들렸습니다.

거기는 생명이 넘치고 모든 것이 순환하고 있었습니다. 무엇 하나 무의미한 것이나 방해되는 것들은 없습니다. 그리고 도토리나무도 생태계의 일부로서 살아 있는 것입니다. 인간에게 관리를 받고 있는 사과밭과는 전혀 다른 광경입니다만, 이것이야말로 제가 찾고 있던 해답이었습니다.

'정말로 내 자신이 무엇을 공부하였던가. 이렇게 대단한 교과서가 이렇게 가까운 곳에 있었다니!'

사과와 도토리의 차이 같은 것은 전혀 신경 쓰여지지 않았습니다. 저는 시간 가는 것도 잊고 눈앞의 광경을 열심히 되새기며 소리를 듣고 냄새를 맡는 일에 집중하였습니다. '이 환경을 재현한다면 가능성은 있어!' 라는 확신이 있었습니다.

결국 저는 죽으려고 했었지만 죽지 못했습니다. 그리고 그토록 절박한 심정이 되지 않고서는 답을 얻지 못한다는 것을, 자연은 얼마나 참혹한 것인가를 그 당시 느꼈습니다. 하지만 지금 생각해보면 그만큼 버둥거리며 열심히 노력한 포상으로 자연이 조금이나마 답을 보여준 것이라는 생각도 합니다.

무농약 9년째에 일제히 만개한 하얀 꽃

그 후로 저는 사과밭에 그 산의 환경을 재현하는 일을 열심히 했습니다. 대두를 뿌린 사과밭에서는 잡초도 나기 시작했습니다. 지금까지는 정성껏 잡초 뽑기를 하였으나 농약을 뿌리지 않은 지 6년째부터는 그대로 방치해 두기로 했습니다. 따뜻해지자 사과나무 아래는 다양한 잡초가 여기저기에서 자라고 그중에는 대두도 자라고 있었습니다.

저의 교과서가 된 그 도토리나무가 있는 곳에는 발이 닳도록 다녔습니다. 그리고 자라고 있는 잡초를 뽑아내어 산과 밭 양쪽의 뿌리의 차이를 비교하거나 땅속에 사는 벌레나 작은 동물의 모습을 관찰하거나 흙의 온도·색깔·냄새를 비교하거나 오감을 모두 활용하여 조사하였습니다. 늘 지면에 엎드려 확대경을 들여다보며 흙냄새를 맡고 있는 저를 보고 주위 사람들은 아마도 '또 미쳤구나' 라고 생각했을 것입니다.

여름이 되자 대두가 크게 자라면서 햇빛을 어느 정도 차단하게 되자 다른 잡초들은 다소 성장이 억제되기 시작했습니다. 사과나무 아래는 그야말로 대두밭이 되었습니다. 확인하기 위해 뿌리를 뽑아봤더니 대두 뿌리에는 뿌리혹박테리아가 꽉 달라붙어 있었습니다.

뽑힌 자리의 흙속에는 꿈틀거리는 지렁이 모습이 보였습니다. 다만 사과나무를 돌볼 때 이 대두는 상당히 귀찮은 존재입니다. 사다리를 옮길 때마다 걸려서 불편하고 벌레잡기 작업도 꽤나 힘든 일입니다.

가을에 대두를 뽑아보면 뿌리혹박테리아는 하나도 없습니다. 생물의 힘으로 고정된 질소가 메마른 흙에 양분으로 옮겨진 것입니다. 그해는 사과나무가 기뻐하는 듯이 보였습니다.

실제로 가을까지 관행농법의 10% 정도밖에 되지 않았으나 나무의 앞부분에 그럭저럭 잎이 남아 있었습니다. 아내와 장인에게 금방 열매가 열릴지 어떨지 불확실하지만 이번에는 그런대로 뭔가 괜찮을 것 같다고 얘기했습니다.

한편 나무 밑에 심은 대두는 사과나무 한 그루의 주변을 베어내면 대체로 2톤 트럭 1대분이 되고 거기서 수확한 풋콩을 판매하였습니다. 돈은 얼마되지 않았지만 그것으로 아이들 공책이나 연필을 사줄 수 있었습니다.

이듬해도 대두를 뿌리고 밑에서 올라오는 풀은 뽑지 않았습니다. 변함없이 단골인 잎말이나방, 자벌레는 설치고 다녔지만 사과나무는 몰라보게 건강을 되찾아갔습니다.

또한 시간이 흐름에 따라 잡초의 종류도 바뀌어 가고 제 키만큼 높았던 잡초가 전년보다 상당히 낮아져 30cm 정도밖에 되지 않게 되었습니다.

저는 사과나무에 붙는 벌레를 잡으면서 변화해 가는 사과밭의 모습을 관찰했습니다. 자연계의 균형은 자연 그 자체의 움직임으로 이루어져 가는 것이지 사람이 할 수 있는 일이란 기껏해야 그 자연의 움직임이 잘 이루어져 갈 수 있는 환경을 만들어주는 정도 밖에는 없다는 것을 배웠습니다.

이 해에는 잎이 3분의 1 정도는 남아 있어 수세(樹勢)회복이 확실하다고 느껴졌습니다. 그리고 이듬해 초여름, 한 그루이기는 하지만 7송이의 하얀 꽃이 피었습니다. 무농약 재배를 시작한 지 8년째에 처음 보는 사과 꽃이었습니다.

가을이 되자 7송이의 꽃은 두 개의 사과열매를 맺었습니다. 골프공 정도의 다소 작은 열매이기는 했으나 사과열매임에는 틀림없었습니다. 두 개의 사과를 신전(집안에 신을 모셔놓은 감실)에 드린 후 가

5월, 봉오리를 벌린 사과 꽃. 무농약으로 이행한 지 수년, 얼마나 이 꽃을 기다려 왔던가.

중앙의 큰 나무가 무농약 8년째에 7송이의 꽃을 피운 사과나무.

도로와의 경계에 있는 수국은 사과 꽃이 피지 않던 시절 아내가 사과밭이 눈에 띄지 않도록 심어놓은 것.

족 모두 소중하게 먹었습니다. 딸로서는 처음으로 맛을 본 '아버지가 만든 사과'였습니다.

그리고 맞이한 9년째 되던 해. 이제는 대부분의 사과밭의 흙은 도토리가 자라는 산과 같이 푹신푹신하고 부드러웠습니다. 내심 '올해는 무엇인가 되지 않을까' 하는 기대로 가득했습니다. 그러나 계속 쓴맛을 경험했었기에 불안도 컸습니다. 조바심에 초조한 마음으로 봄을 보내고 개화를 기다렸습니다.

뭔가 달라진 것 같은 기분이 들었으나 아직 밭에는 벌레가 많고 결과도 나오지 않았기 때문에 주변의 농가들의 냉담함은 여전했습니다. 저는 다른 생산자와 얼굴을 마주치지 않게 행동하고 그날도 혼자 논에서 일을 하고 있었습니다. 그런데 이웃의 밭주인이 일부러 제게 와서 가르쳐 주었습니다.

"어이, 기무라. 자네 밭에 사과 꽃이 피었어!"

'정말인가?'

생각지도 않았던 사람에게서 날아온 낭보가 마음속으로는 믿어지지 않았습니다. 급히 집으로 돌아와 아내를 데리고 밭으로 향했습니다. 밭으로 이어지는 길을 가는 동안 한시각이라도 빨리 이 눈으로 확인하고 싶다는 생각과 보는 것이 두렵다는 마음이 교차하여 생각처럼 발이 앞으로 나아가지 않았습니다.

저희 사과밭 바로 앞에 있는 이웃 밭의 창고에서 조심스럽게 훔쳐보듯 보았습니다. 그런데 아! 눈부신 백색에 둘러싸인 저의 밭이 보였습니다. 꽃이 일제히 피어 있었습니다.

'잘못 본 게 아니었어!'

오랜 시간 질병과 벌레에 시달리면서도 침묵을 지켜온 사과나무가 드디어 제게 응답해 준 것입니다. 만발한 하얀 꽃 속에서 저와 아내는 그저 흐르는 눈물을 주체하지 못하고 서 있었습니다.

주위의 이해와 지지가 있었기에 가능했던 자연재배

9년째에 꽃을 피운 사과나무. 일반적으로 열매를 크게 하기 위해 적화(摘花), 적과(摘果)해야 하지만 저희들은 아까워서 그 작업을 할 수 없었습니다. 밭의 모든 나무가 꽃을 피운 것은 아니고, 다소나마 해충에 의한 피해도 있었기 때문에 수확량은 일반 사과 과수원의 15% 정도이고, 과실 하나하나의 크기도 아직 작았으므로 전량을 가공용으로 출하했습니다.

가공용 사과는 당시 가득 찬 컨테이너 하나에 약 200엔. 전부해도 1만 엔 정도밖에 되지 않았습니다만 어쨌든 9년만의 수입이었습니다. 앞으로의 계획도 세울 수 있었고 그 수확은 저에게는 몇십만 엔의 가치가 있는 것이었습니다.

그러나 가난하기는 마찬가지였습니다. 어느 정도의 현금수입을 얻고 밑바닥에 있는 어려운 가정형편을 다시 일으키기 위해 저는 아르바이트를 하기로 했습니다. '처음부터 다른 일을 했으면 가족들을 힘들게 하지 않고 좋았을 텐데, 새삼스럽게 이제 와서……'라고 생각할 수도 있겠습니다.

그러나 저로서는 '해답'을 찾을 때까지는 사과재배에 전심전력하고 싶었고, 다른 것은 생각하고 싶지도 않았고 또 할 수도 없었습니다. 사과나무가 잘 견디어내 '해답'을 보여준 덕분에 겨우 밖에서 다른 일을 할 생각을 할 수 있게 된 것입니다.

처음 근무하게 된 곳은 히로사키 시내에 있는 파친코(슬롯머신)점입니다. 농사일을 끝내고 오후 5시에서 밤 10시까지 매일 출근

했습니다. 그때까지 파친코 같은 것을 해본 적이 없어서 몹시 낯설고 두려웠습니다만 그럭저럭 일에 익숙해졌습니다.

그러나 8개월 정도 지난 어느 날, 감기에 걸려 이틀을 쉬었더니 "이제 나오지 않아도 된다"고 해고당했습니다. 이틀을 연속하여 쉬면 해고하게 되어 있는 회사 규칙을 전혀 알지 못했던 것입니다.

파친코점의 다음 근무지는 같은 히로사키 시내의 번화가에 있는 카바레였습니다. 신문 구인란에는 어떤 직종인지 쓰여 있지 않고 회사 이름도 아주 평범했으나 면접을 보러갔더니 카바레였습니다. 농사일에 할애하는 시간을 최우선으로 하다보니 아무래도 밤에 일을 할 수밖에는 없고, 월급이 18만 엔으로 파친코점의 3배나 되었기에 다소 무리를 하더라고 해보자라는 생각이 들었습니다. 가족들에게는 관광업 관련의 회사라고 둘러댔지만 찜찜했습니다.

파친코와 마찬가지로 그때까지 전혀 알지 못했던 세계여서 일에 익숙해질 때까지 시간은 걸렸습니다만, 이러한 곳에서 일을 하는 사람들은 의외로 인정이 많아 주인을 비롯하여 점원 모두가 따뜻하게 대해주었습니다. 이 세계는 사연을 가진 사람들이 많아서 막다른 상황에 처해, 낯선 곳에서 일하는 저와 동변상련의 마음을 가진 것일까요.

모두 저를 '아버지'라고 부르면서 사과 자연재배에 대해서도 잘 이해해주고 수시로 '힘내세요!'하면서 격려해 주었습니다. 시골인데다 제 주위에서는 밤일에 대한 편견이 심해 번화가에서 호객행위를 하는데 아는 얼굴을 발견하고는 부끄러워서 숨은 적도 있었습니다.

저자가 아르바이트를 했던 히로사키의 번화가.

농약살포와 비료를 중지한 사과밭은 점차 자연의 균형을 되찾아갔다.

수확 전, 풍성하게 열매 맺은 사과와 저자.

결국 이 직장은 1년 8개월 근무하고 그만두었습니다. 그만두게 된 계기는 밤거리에서는 종종 있는 불량배와의 싸움에 휘말리게 된 것입니다.

현재 저는 위아래 모두 앞니가 없습니다. 이가 없이 웃는 모습이 저의 트레이드 마크인 것처럼 되었지만, 그때 이가 하나 부러졌는데 돈이 없어서 그만 방치해 둔 것이 원인이었습니다. 빠진 이를 그대로 두면 나머지 이도 움직이게 되어 빠지기 쉬워진다고 합니다. 아마도 제게는 제 자신의 이보다도 사과의 잎이 더 소중했으니 어쩔 수 없는 일이었습니다.

카바레를 그만둘 때 주인은 50만 엔 정도의 퇴직금을 주면서 "나도 젊었을 때는 자네처럼 고생을 했네. 앞으로 열심히 하게"라고 하면서 보내주었습니다.

돌이켜 생각해 보면 이상적인 농업을 지향하기 위한 것이라고 하며 자기 생각대로 무리한 일을 지속해 온 것이 저의 인생의 반이라 할 수 있겠습니다만, 그러나 이러한 저를 이해해주고 격려해주고 지탱해준 사람들이 있었기에 현재 실천하고 있는 농법에 이르게 된 것입니다. 혼자였다면 벌써 좌절해버렸을 것입니다.

무농약을 시작하기 전에는 친구도 많았으나 매년 벌레에 먹히고, 그런데도 '관행농법으로 되돌려라'는 충고를 계속 무시하자 한

명, 두 명, 제 곁을 떠나갔습니다. 끝까지 친구로서 저를 상대해주었던 사람은 고장에서 자동차관련 회사를 경영하는 오타 아키오 씨입니다. 그는 무일푼이 된 저를 도와주기 위해 전기와 전화요금을 대신 내주기도 했습니다. 돈 문제뿐만 아니라 주위에 사람이 없어진 저에게 변함없이 친구로서 대해준 은혜는 잊을 수 없습니다. 그는 제 일생의 친구입니다.

또 돌려받을 가망이 없는 돈을 빌려준 은행과 소비자금융회사로부터도 많은 도움을 받았습니다. 은행 담당자는 앞서 말한 것처럼 상환하러 간 돈을 "생활이 안 되지 않습니까?" 하고 받지 않을 뿐더러 "10년 후에는 당신의 시대가 올 것"이라고 말해 주었습니다.

소비자금융의 지점장은 지금도 가끔 저희 집에 놀러옵니다만 "어떻게든 갚을 길이 없으면 내가 대신 갚으려고 생각했다"고 술회하셨습니다. 항간에는 한때 금융기관의 엄한 규제 등이 문제시되었습니다만 제 경우는 운이 좋았었는지, 아니면 좋은 사람들을 만난 덕분이었는지 감사할 일들뿐이었습니다.

또 농약을 사용하지 않는 자연재배 운영은 주위 생산자들로부터 이해를 얻지 못하면 계속할 수 없습니다. 사과와 같이 병해충에 극단적으로 약한 작물은 더욱 그렇습니다. 제 경우도 필사적으로 손으로 벌레를 잡기는 했으나 그것으로 모든 벌레가 없어질리도 없고 인근 농가의 따가운 눈총을 받은 것도 사실입니다.

그러나 최종적으로는 제 방법을 인정해 주었습니다. 전면적으로 찬성해주고 저와 같은 자연재배를 도입하려는 사과농가는 아직 가까이에는 없습니다만, 적어도 기무라 아키노리라는 인간이 독자적인 방법으로 사과재배를 하고 있다는 것을 인정해주었기 때문에 현재의 제가 있다고 생각합니다.

아직 저의 밭에 사과가 열리지 않았던 시기의 일입니다. 어느 날 이웃 밭의 주인이 제발 부탁이니 농약을 사용해 달라고 간절히 요청을 해왔습니다.

결국 그 사람 밭과 제 밭의 경계선을 사이에 둔 실랑이가 벌어졌습니다. 그의 말에 따르면 제 밭에서 해충이 날아오기 때문에 농약을 살포해도 피해가 생긴다는 것이었습니다. "그러면 이 장소에서 어느 쪽에서 벌레가 오는지 시험 삼아 살펴보자"고 제가 제안했습니다.

그 사람과 저는 서로 경계선에 서서 노을이 비치는 하늘을 바라보고 있었습니다. 그랬더니 농약을 살포한 그의 밭에서 수없이 많은 벌레가 저의 밭으로 날아 들어오고 거기서 알을 낳고 있는 것이었습니다. 반대로 저의 밭에서 날아가는 벌레는 거의 없었습니다.

그 사람은 이 현실을 눈앞에서 보고는 매우 놀랐습니다. 그리고는 바로 다음날부터 "기무라 씨에게 몹쓸 짓을 했다"고 주위 농가들에게 설명을 하며 돌아다녀 주었습니다. 그 후로는 주위에서 불평을 말하는 사람이 없어졌습니다.

그뿐만 아니라 그는 "기무라의 밭에 농약이 뿌려지면 안 된다" 고 제 밭과의 경계선에 가까운 곳의 자신의 사과나무를 벌채해 버렸습니다. 저는 그 사람의 배려가 너무 고마웠습니다.

마지막으로 무엇보다도 저를 가장 잘 이해해주고 고생을 함께 하면서 힘써주는 가족들에게 무어라 감사의 말을 다할 수 없었습니다. 무농약을 시작하고 사과밭에 꽃이 하나도 피지 않았던 시절 아내는 밭과 도로의 경계에 수국을 심었습니다.

그것은 결코 꽃을 즐기기 위한 것이 아니라 무참한 모습의 사과밭을 조금이라도 사람들 눈에 띄지 않게 하기 위한 아내의 방책이었던 것 같습니다. 지금은 그 수국들이 많이 자라 장마철이면 아름답게 꽃을 피워 사과밭에 산뜻한 색채를 더해주고 있습니다.

또 사과를 딸 수 있게 된 후에 장인에게 어째서 무농약으로 이행하는 것을 허락해 주셨는가를 여쭈었을 때 어차피 안 될 것 같아 2~3년이면 그만두겠거니 하고 생각하셨다고 했던, 그리고 "참으로 여기까지 잘해왔군" 하고 칭찬해주셨던 장인은 사과가 열매를 맺기 시작하고 난 3년 후에 돌아가셨습니다.

2,700명이 기다리고 있는 '사과나무 열매'

농약살포를 그만둔 지 9년째 되어 밭 전체에 꽃이 핀 것을 보게 되고, 조금이나마 수확을 올릴 수 있게 된 이후, 사과나무는 해를 거듭할수록 건강을 되찾아 수확량도 순조롭게 증가되고 불량품도 줄게 되었습니다.

그러나 뒤에서는 저와 오랜 숙적이라고 할 수 있는 잎말이나방과 자벌레와의 전쟁은 끝없이 계속되고 있었고, 다만 느리기는 하지만 해마다 그 발생이 줄어들고 있다는 것을 느꼈습니다. 어느 때인가 이전에 아오모리현 사과시험장 병충해과에 계셨던 분에게 조사를 부탁했는데, 잎말이나방의 월동알이 무엇인가에게 먹혀 부화율이 일반의 3분의 1에서 5분의 1로 줄어든다는 것이었습니다.

도토리나무가 건강하게 자라는 산의 환경을 사과밭에서 재현시키는 동안 해충에 대한 생각이 점차 바뀌게 되었습니다. 정말 보기 싫은 잎말이나방, 자벌레이기는 하지만 그것들도 또한 자연의 일부이며 결코 의미 없는 존재가 아닙니다. 제 밭에 오는 것도 그럴만한 이유가 있는 것이겠지요. 야채나 쌀의 자연재배를 시도했을 때도 느낀 것이지만 해충이라고 불리는 벌레들은 생태계의 균형이 파괴됐을 때 그것을 바로잡기 위해 발생하는 것은 아닐까요?

어쩌면 사람이 본래 먹어서는 안 되는 것, 예를 들어 잔류농약이나 과잉한 질산태질소 등을 먹어버려 주는 것이 해충이 아닐까 라고 제 나름대로 자연의 질서를 생각도 해보았습니다. 실제로 그런지 어떤지는 벌레에게 물어봐야겠지만, 제 사과밭의 균형이 이루어져 가면서 벌레는 줄어들고 있었습니다.

그리고 드디어 잎말이나방과 자벌레의 모습이 사라진 것은 2000년도입니다. 한편 해충과 마찬가지로 저를 괴롭혔던 반점낙엽병은 그 2년 전부터 발생하지 않게 되었습니다.

사과밭에 사과가 달리기까지 9년, 또 병해충이 없어지고 균형이 회복되기까지 20년 이상 걸렸다고 말할 수도 있겠습니다. 보다 빨리 산의 도토리나무를 교과서로 삼았다면 이 세월을 훨씬 단축시킬 수 있었을 것입니다. 다만 저는 자신이 직접 시도하고 실패해보는 것 외에는 해답을 얻는 방법을 몰랐던 것입니다.

이제는 밭에서 잎말이나방이 보이지 않게 되었지만 정말 여러 가지를 제게 가르쳐준 이 벌레를 잊지 않도록, 또 그들에게 감사를 표시하기 위해 저는 제 명함이나 출하용 상자에 잎말이나방 일러스트를 게재하고 있습니다.

한편 카바레 아르바이트를 그만둔 것은 무농약·무비료·무퇴비에 의한 사과재배가 그럭저럭 궤도에 오르고 이제부터 판로를 어

명함이나 출하용 상자에 인쇄한 잎말이나방 일러스트.

떻게 개척해 나갈 것인가 생각하고 있던 시기였습니다.

그 당시 NHK TV가 〈소리 없이 다가오는 농약오염〉이라는 프로그램을 취재하기 위해 저의 집을 찾아왔습니다. 사과농가에서 자연재배하는 곳은 저의 집뿐이기 때문에 별나 보였던 것이겠지요. 그 프로그램은 그 후 여러 번 재방송된 것 같았으나 저는 텔레비전을 별로 보지 않기 때문에 그런 것에 신경 쓰지 않았었습니다.

아마도 그 전날쯤 그 프로그램이 재방송되었나 봅니다. 마침 밭에서 쓸 물건을 놔두고 나온 것이 생각난 저는 집으로 돌아갔는데 때마침 전화벨이 울렸습니다.

빚 독촉도 있고 해서 그다지 전화를 받고 싶지는 않았으나 끈질기게 걸려와서 어쩔 수 없이 수화기를 들었습니다. "텔레비전에서 봤는데 당신이 만든 사과가 꼭 필요하다"는 내용의 얘기였습니다.

배송지를 받아쓰고 수화기를 내려놓자마자 또 금방 전화벨이 울렸습니다. 그런 일이 밤 11시까지 이어졌습니다. 다음날은 가족 모두가 밭에 나가지 않고 전화를 받기 바빴습니다. 그때 주문해주신 고객이 약 350명. 전국 방송의 영향력에 놀랐습니다.

이후로 고객들 사이에서 입소문으로 퍼지면서 현재는 정기적으로 개인거래를 하시는 고객만도 약 2,700명이나 됩니다. 저는 도토리도 사과도 모두 나무의 열매라는 생각으로 단순히 '사과'가 아니라 '사과나무 열매'로서 고객 한 분 한 분께 보내드리고 있습니다.

자연재배로 만드는 저의 '사과나무 열매'는 관행농법의 '사과'와 비교하면 약간 작고 수확량은 70~80% 정도입니다. 과실의 싱싱함과 맛에는 자신이 있습니다만 겉보기는 슈퍼마켓의 매장에 진열된 사과처럼 탐날 정도의 것은 아닙니다.

그러나 품종, 시기에 따라서도 다릅니다만 자연재배 사과는 자른 채 그대로 방치해 두어도 자른 부분이 산화되지 않고 일반 사과와 같이 그렇게 간단하게 갈변하지 않습니다. 당도가 높고 생명력이 넘치는 사과라고 자부하고 있습니다.

'사과 표피가 끈적거리는 것은 왜?'라는 질문을 자주 받습니다. 그래서 고객들에게 자연재배 사과를 보내드릴 때 다음과 같은 설명지를 상자에 넣도록 하고 있습니다.

'이 품종의 표피가 끈적거리는 것은 농약이나 왁스를 바른 것이 아니라 사과 자신이 만들어내는 밀납성 물질 때문입니다. 특히 쓰가루, 홍월, 홍옥, 조나골드 등의 품종은 익어감에 따라서 리놀산과 올레산이 증가하여 껍질에 함유되어 있는 고형물질을 녹여 왁스 성분이 증가되어 기름을 바른 상태가 됩니다. 이러한 물질은 무해하고 오히려 영양가 높고 먹기 좋은 때를 알려주는 징표라고 할 수 있습니다. 온도가 높을수록 숙도가 높아져 많이 발생하므로 저온·냉랭한 장소에서 보관해 주십시오.'

어쨌든 많은 고객들께서 저의 자연재배 사과가 필요하다고 주문해 주십니다. 먹거리의 안전·안심에 까다로운 소비자가 늘어나는

사과밭의 나무 한 그루 한 그루에게 말을 거는 저자.

저자와 고생을 함께한 아내 미치코.

시대 상황이 되어가고 있습니다.

항상 식(食)문화에 관심을 갖고 일본의 식생활의 방향을 제시하는 분으로서 '먹거리 학교'를 주재하는 시오카와 교코 씨에 대해 말씀드립니다. 시오카와 씨는 2000년 가나가와현의 모임에서 만났습니다만 '먹거리 학교'는 '맛있고 안전한 먹거리 연구와 개발, 먹는 방법을 제안한다', '친환경적인 농업을 지향하고 생산, 가공, 유통, 소비에 이르는 관계를 총괄적으로 지원한다' 등의 목표를 내걸고 있습니다.

지금까지 저는 자연재배를 진지하게 이해해주신 시오카와 씨의 초청을 받아 전국 각지의 생산자, 소비자 모임에 다니고 있습니다. 지금까지 겪은 수많은 실패라는 재산을 그분들에게 피력하면서 자연재배의 보급, 발전에 도움이 되고자, 나아가 우리의 먹거리와 농업의 재건에 대한 실마리가 되었으면 하고 생각했기 때문입니다.

시오카와 씨는 물론입니다만, 뒤에서도 소개할 많은 분들과의 제휴, 교류를 통해 안전하고 안심할 수 있는 진정한 것에 기반을 둔 식(食)·농(農)·환경(環境)을 이어주는 사람의 화합과 유대를 확대해 나갔으면 하는 바람입니다.

Part
3

흙의 능력을 최대한 발휘시키는 자연재배

흙의 능력을 최대한 발휘시키는 자연재배

해답은 자연 속에 무수히 있다

농약도 비료도 퇴비도 필요없는 자연재배. 제가 30년에 걸쳐 심혈을 기울이고 실천해온 이 농법의 출발점은 앞에서도 말씀드렸듯이 후쿠오카 마사노부 씨의 서적과의 만남이었습니다.

그러나 후쿠오카 씨가 말한 '무위자연(無爲自然), 즉 아무것도 하지 않고 자연 그대로 작물을 키운다'는 것은 이상적으로는 이해가 되어도 특히 사과라는 재배하기 까다로운 작물을 하는 저에게는 도저히 그 이론대로는 실천할 수가 없었습니다.

물론 온난한 시코쿠와 춥고 눈이 많은 도호쿠라는 환경의 차이도 있겠고, 또 오늘날 재배하는 작물은 품종개량이 이루어져 자연계에서 자생하고 있는 식물과 비교하면 극단적으로 약한 것도 존재합니다.

자급을 위한 농업이라면 모르지만 자연재배에 의한 농업경영을 생각한다면 작물이 잘 자랄 수 있는 환경을 만들어주어야 하고 그러기 위해서는 역시 인간의 손이 가야 한다고 생각합니다. 농약도 비료도 퇴비도 사용하지 않고 아무것도 하지 않는 것이 아니라 오히려 현실은 그 반대로 최대한의 힘을 기울여 작물에게 좋은 환경을 만들어주는 것, 이것이 저의 방법이었다고 할 수 있습니다.

그런 까닭으로 제가 실천해온 자연재배는 후쿠오카 마사노부 씨의 저서로 촉발된 것이기는 하지만, 그 생각·방법·기술은 제가 스스로 만들어 나간 것입니다.

그리고 손에 넣을 수 있는 모든 서적을 섭렵했습니다만, 저의 자연재배의 선생님이라고 말할 수 있는 것은 역시 '자연' 그 자체였습니다.

저는 자연이 어떻게 식물을 살리고 키우는지를 여러 각도에서 관찰하고 거기에 있는 생명의 순환을 어떻게 저의 밭에 재현할 것인가를 고민하면서, 한 가지를 시도해서 실패하면 하나를 깨달아 가면서 그런 시행착오를 여러 번 반복하였습니다. 그러므로 저의 기술은 모두가 제 실패에서 얻은 것입니다.

지금부터는 제가 지금까지 실천해온 농법을 실제적으로 해설해 나가겠습니다. 다만 이것들은 매우 기본적인 한 가지 경우에 불과하다는 것을 이해해 주셨으면 좋겠습니다. 이 책에 쓴 것이 오직 하나의 해답은 아닙니다.

그것은 왜일까요? 이유는 간단합니다. 예를 들어 재배하는 장소에 따라 환경이나 기후, 토양도 다르고 자연재배를 시작하기 전까지의 논밭의 이력도 다릅니다.

또한 같은 장소라도 그때그때의 기상 등 조건이 다릅니다. 다양한 조건 아래서 그 대처법도 다양할 수밖에 없습니다. 원래 자연환경은 풍부한 다양성 위에 성립되는 것이므로 그것을 흉내낸 저의 자연재배도 '이것만 해두면 잘 될 것이다'라고 단순하게 패턴화할 수 있는 것이 아닙니다.

그러면 무엇을 해답으로 해야 할까요? 자연 속에는 수없이 많은 해답이 있고 인간은 그것을 경험에 의해 하나씩 발견해 나갈 수밖에 없다고 생각합니다. 결국 기술이라는 것은 어디까지나 작물 주체, 자연 주체가 되어 생각했을 때 자연스럽게 이끌려 가는 것이지 결코 기술만으로 해결할 수는 없습니다.

작물을 내 몸으로 바꿔놓고 생각한다

그렇다면 어떻게 하면 자연 속에 있는 '해답'을 발견해 내는 안목을 기를 수 있을까요?

제가 전국 각지의 농업지역을 돌아보고 생산자 여러분에게 자연재배에 대하여 말씀드릴 때 빠뜨리지 않고 전해 드리는 말씀은 다음과 같은 것입니다.

'만약 내가 ○○라면……' 하고 자신을 작물로 바꿔놓고 생각하는 습관을 기르시라는 것입니다. ○○ 부분은 쌀이나 보리 · 야채 · 과수 등 재배하고 있는 작물의 이름을 넣어주시면 됩니다.

만약 당신이 벼라면 부패한 냄새 속에서 생활하고 싶겠습니까? 물론 벼 자체는 '냄새난다'거나 '싫다'거나 입으로 호소하는 일은 없습니다.

그러나 당신 자신이 그러한 환경에서 사는 것이 싫은 것처럼 벼도 결코 즐겁지는 않을 것입니다. 그리고 '조금만 더 내 생각 좀 해주지'하고 생각할 것 같습니다.

그런 것처럼 '만약 내가 ○○라면……' 하고 작물을 나로 바꿔놓고 생각할 수 있다면 무엇을 하면 안 될지, 무엇을 하면 좋을지 스스로 깨닫게 됩니다.

전답도 마찬가지입니다. 수확이 끝난 후 다음 번 밭을 갈 때까지 당신은 밭에 발걸음을 옮기십니까? 만약 수확이 끝난 밭이라도 일이 없어 가지 않는다면 밭의 입장에서 '우리 주인은 참으로 차가운 사람이야'라고 생각하겠지요. 사람에게는 농한기이지만 자연은 계속 움직이고 있습니다. 밭은 쉬고 있는 시간이란 것이 없습니다.

가을이나 겨울에도 밭에 자주 들러주게 되면 뭔가 변화를 발견하실 것입니다. 그런 것은 해답을 얻기 위한 중요한 힌트가 됩니다. 밭에게 발소리를 들려주는 것이 중요합니다.

작물이나 전답을 자신의 일처럼 주의 깊게 관찰하며 자신의 몸으로 바꿔놓고 그 환경을 생각해 나가는 것이 자연재배를 해나가는 데 큰 전제조건이라고 할 수 있겠습니다.

비료가 필요하다는 고정관념을 깨뜨린다

농약도 비료도 퇴비도 필요없다고 하면 여러분은 이상하다고 여기시는데 그것은 역시 비료나 퇴비도 주지 않으면 어떻게 작물이 양분을 얻을 수 있겠는가 라고 생각하기 때문입니다. 그것은 '비료·퇴비를 사용하지 않으면 작물은 만족스럽게 생장하지 않는다',

'비료·퇴비의 효과가 있어야 훌륭한 작물이 만들어진다'라는 고정관념이 지배하고 있기 때문이라고 생각합니다.

이 농법을 하려고 할 때 무엇보다도 장해가 되는 것이 실은 우리가 갖고 있는 이러한 고정관념입니다. 이 고정관념을 스스로가 한번 깨뜨리지 않으면 자연 속에 이미 준비되어 있는 해답을 찾을 수 없을 것입니다.

왜 비료·퇴비가 필요없을까요? 작물에게 주는 비료가 작물의 생장에 실제로 어느 정도 도움이 되는지 잠시 생각해 봅시다.

우선 밭에 심은 작물에게 10kg의 질소비료를 준다고 합시다. 이 중 무려 2분의 1인 약 5kg은 가스화되어 대기 중에 확산되어 버립니다. 그리고 남은 5kg 중, 다시 절반인 2.5kg을 흙이 흡수합니다.

흙이라고 해도 실제로 비료를 소비하는 것은 흙속에 사는 박테리아입니다. 마지막으로 남은 2.5kg 역시 그대로 작물이 취하는 것은 아닙니다. 주위에 자라고 있는 잡초와 경합을 벌리게 됩니다. 결국 작물이 흡수할 수 있는 비료의 분량은 1kg 정도밖에는 안 됩니다. 다시 말해 시용(施用)한 비료 중 작물의 양분으로서 도움이 되는 것은 겨우 10%에 불과합니다.

더욱이 좋지 않은 것은 가스화한 50%의 비료는 환경오염의 원인이 되어버립니다. 게다가 너무 많이 뿌린 비료는 작물에 질산태질소라는 형태로 축적되어 그것을 먹게 되면 건강에 해를 가져옵니다. 비료를 사용하면 이점보다도 압도적으로 단점이 많다고 생각되는데 여러분은 어떻게 생각하십니까?

그러면 비료도 퇴비도 주지 않은 작물은 무엇을 양분으로 자랄까요? 원래 토양에는 비료를 주지 않아도 어느 일정한 유기물이 포함되어 있고 토양 속의 박테리아가 이것을 분해하므로 식물이 흡수할 수 있는 질소화합물이 만들어집니다.

아무것도 사용하지 않고 작물을 키우는 힘, 이것이야말로 앞에서 말씀드린 흙의 '위력'입니다. 사람의 손이 가지 않아도 산에서 도토리나무를 건강하게 자라게 하는 자연환경의 균형의 힘입니다.

비료나 퇴비를 사용하게 되면 이 자연환경의 균형이 깨집니다. 한편 그때까지 계속 비료를 사용해 온 토양의 경우는 비료가 포함된 상태의 균형이 형성되어 있기 때문에 갑자기 시비를 그만두면 작물은 잘 자라지 않는 경우가 많습니다.

토양의 균형이 이루어지고 흙이 위력을 발휘할 수 있을 때까지는 상당한 시간이 필요합니다. 될 수 있는 한 순조롭게 토양이 자연의 균형을 되찾기 위한 도움이 농법에서 가장 중요한 기술의 하나라고 할 수 있습니다.

흙은 크고 거칠게 간다

저의 재배법은 결코 어려운 것은 아닙니다. 이 재배법은 흙의 능력을 최대한 발휘시키는 농법입니다.

앞에서 잠시 말씀드렸지만 사과재배로 전혀 결과가 나오지 않았던 시절 저는 논의 벼농사, 밭의 야채재배에도 무농약·무비료 재배를 시도해 보았습니다. 까다로운 사과와 비교하면 쌀이나 야채의 자연재배는 의외로 간단하게 성과를 올릴 수 있었습니다.

그렇다고는 하지만 자연재배로 바꾼 첫 해 쌀은 300평당 겨우 240kg밖에는 수확하지 못했습니다. 주위의 농가가 600kg의 수확량을 올리고 있었으니 이것은 적은 것이지요. 당시는 벼농사에 대해서도 사과재배와 마찬가지로 비료나 제초제에 대한 믿음이 지금보다도 강해서 이 농법이 비상식이라고들 했습니다.

사과로도 좋은 결실을 보지 못했던 저는 '역시 비료나 농약이 없으면 농업경영은 불가능한 것이 아닌가?' 하고 여러 번 주저했지만, 한편으로는 어떻게든 성공시키고 싶다는 생각으로 여러 가지 시험을 시도해 보았습니다.

북쪽지방이므로 논이나 밭을 사용하여 하는 실제적 시험은 1년에 한 번밖에 할 수 없습니다. 그래서 생각했던 것이 유리병을 사용한 실험이었습니다.

주점에서 작은 유리로 된 빈 술병을 100개 정도 받아와서 여기에 논의 흙을 넣고 그 속에 피 종자를 심습니다. 피를 선택한 것은 벼보다도 강하고 생장도 빨라 실험하기 쉽기 때문입니다. 유리병이 작은 실험용 논이 되는데 이 방법이라면 몇 번이라도 반복하여 실험할 수 있고, 조건을 여러 가지로 바꾸어 비교할 수도 있습니다.

병 속에 괭이를 넣을 수는 없으므로 흙을 갈 때는 한 번 흙을 꺼내어 손으로 부서뜨리고 써레질은 나무젓가락을 이용하여 속을 섞습니다. 그렇게 여러 가지 경우를 가정해 보고 또 그것들을 짜맞추어 약 200종류의 논의 상황을 재현하여 실험하였습니다.

이 실험을 몇 번이나 중복해 나가는 사이 몇 번을 해도 같은 결과가 나타난다는 것을 알게 되었습니다. 집약하여 보면 다음과 같은 조건하에서는 작물의 생육이 순조롭고 잡초도 그다지 자라지 않는 좋은 결과를 얻을 수 있었습니다.

- 갈이는 적당히 거칠게 한 것
- 장소는 햇볕을 잘 받는 창가에 둔 것
- 배수가 잘 되어 흙이 습하지 않은 것
- 써레질은 2~3회 흙을 갈아엎는 정도

이와는 반대로 곱게 갈이한 것이나 그늘에 둔 것, 흙이 습한 것, 팥을 으깬 것같이 정성껏 써레질한 것 등은 결과가 좋지 않았습니다. 혹시나 해서 피가 아닌 벼로 실험하여도 결과는 마찬가지였습니다.

이와 같은 실험결과를 갖고 이듬해부터 실제 논에서 좋은 결과가 나왔던 유리병 속을 재현하기로 했습니다. 다시 말해서 논을 일구는 일은 되도록 크고 거칠게, 그리고 써레질도 극히 간단하게 합니다.

그러한 논에 300평당 쌀의 수확량은 처음 240kg이었으나 이듬해에는 360kg, 그리고 다음 해에는 420kg으로 올라가고 결과적으로 540kg에 가까운 수확을 올리게 되었습니다. 이것은 농약과 비료를 사용한 관행농법의 600kg와 비교하여 그다지 뒤지지 않는 것입니다.

또 이러한 갈이와 써레질 방법이 잘못된 것이 아니라는 것은 예전같이 곱게 갈고 정성껏 써레질을 한 논의 수확량은 여전히 240kg에 머물렀던 것을 보아도 알 수 있습니다.

흙은 살아 있습니다. 더 정확하게 말한다면 흙속에는 수많은 미생물이 살아 있습니다. 제가 강조하여 말하는 흙의 능력을 최대한 발휘시킨다는 것은 사실 이러한 미생물의 힘을 마음껏 이용한다

자연재배 밭에서 설명하고 있는 저자(왼쪽).

연간 100일 이상을 강연 · 설명회로 보내고 있다.

농약도 비료 · 퇴비도 사용하지 않고, 잘 자란 감자밭을 보고 감탄.

는 것입니다.

여기에서 잠시 어려운 얘기이기는 하지만 흙속의 미생물의 대표 선수로는 호기성균, 혐기성균, 조건적 혐기성균의 세 가지 타입이 있습니다.

호기성균은 산소호흡을 하여 유기물을 분해하여 최종적으로는 무기물과 탄산가스로 만들어 버립니다. 이러한 호기성균에는 잘 알려진 것으로 누룩곰팡이, 낙두균, 초산균 등이 있습니다.

혐기성균은 산소가 없는 상태에서 활동하고 유기물의 부패·발효를 촉진시키는 미생물로서 낙산균 등이 유명합니다. 그리고 조건적 혐기성균은 산소가 있어도 없어도 활동할 수 있는 통성혐기성 미생물로서 유산균, 효모균, 페니실린 등의 항생물질 등이 이 타입입니다.

역사적으로는 지구가 탄생하여 아직 산소가 없었을 무렵에 활동하였던 것이 혐기성균이며, 광합성을 하는 박테리아의 발생으로 지상에 산소가 가득 차게 되자 호기성균이 탄생하여 활동하게 되었다고 합니다. 아무튼 몇 십억 년 전부터 이 지구에 있고 현재의 지구환경의 근본을 이루어온 것이 이러한 미생물들인 것 같습니다.

그리고 제가 작물을 재배할 때 특히 중요시하고 있는 것이 호기성균의 작용입니다. 어느 미생물이 가치가 있고 어느 것이 무가치하다는 생각은 인간이 멋대로, 편리할 대로 붙인 것입니다. 끊임없이 태어나는 유기물은 서로가 부패·발효·분해하면서 지구상의 생명의 순환을 이루어가고 있다는 점에서 어느 미생물도 모두 같이 중요한 역할을 하고 있습니다.

그러나 산소가 적은 상태에서 혐기성균이 유기물을 부패시켜 (인간의 입장에서) 해충 등을 불러들이는 순환보다는 산소가 풍부한 환경에서 호기성균이 유기물을 식물이 흡수하기 쉽게 분해하는 순환 쪽이 농업에는 적절하다고 할 수 있습니다.

흙을 크고 거칠게 갈면 흙속에 산소가 들어가기 쉬운 커다란 공간이 생기고 흙덩어리의 표면은 건조하게 되어 호기성균이 활동할 수 있는 환경을 만들어주게 되며 작물의 건강한 생육을 돕게 됩니다. 이것을 건토효과(乾土效果)라고 합니다.

반대로 작고 잘게 갈면 흙속의 공간은 작아지기 때문에 주로 산소가 없는 환경에서 사는 혐기성균이 활동하게 되고 호기성균의 활동은 지표면으로 한정되어집니다.

저는 유리병의 실험이나 논밭에서의 실천을 통해 좋은 결과에는 좋을 만한 이유가 있다는 것을 알았습니다. 또 인간도 눅눅한 악취가 풍기는 환경보다 상쾌하고 건조하며 악취가 없는 환경 쪽이 기분이 좋겠죠. 작물과 자신을 바꿔놓고 생각한다는 것은 이런 것을 말합니다.

저의 자연재배 기술은 작물 본위에 있는 것이지 어떤 기술 자체인 것은 아닙니다. 상황에 따라 대처법은 다르다고 말씀드리고 있지만, 크고 거칠게 갈아서 흙의 위력을 최대한 발휘한다는 이 수법은 많은 작물에게 공통으로 응용할 수 있습니다.

또한 작물과 마찬가지로 흙속에 살고 있는 미생물에게도 주의를 가져주었으면 하고 생각합니다. 눈에는 보이지 않는 매우 작은 생물들이지만 그들의 존재가 흙을 살리고 있기 때문입니다.

Part
4

사과 자연재배의 기본상식

사과 자연재배의 기본상식

흙의 힘을 최대한 발휘시킨다

현재 저의 사과밭(2.4ha)에서는 조생 쓰가루, 중간 크기의 조나골드, 홍옥, 만생 무츠, 왕림, 부사 등 6품종의 사과나무 600그루가 자라고 있습니다. 주력품종인 부사가 60%를 차지하고 있습니다.

이전에는 한 종류 더, 매우 단맛이 강한 품종인 북두도 심었습니다만, 자연재배로 키우기에는 너무나도 어려운 사과였습니다. 꽃이 피고 열매는 맺으나 수확 전에 모두 자연 낙하해 버렸습니다. 여러모로 손을 써 봤지만 좋은 결과가 없어서 이 품종의 자연재배는 불가능하다고 판단하여 그만두었습니다.

사과뿐만 아니라 요즈음의 작물은 고도의 품종개량이 이루어져서 이 중에는 '북두'와 같이 허약한 것도 적지 않습니다. 역시 자연재배에 적합한 품종, 적합하지 않은 품종은 존재하고 자연재배를 하려고 할 때 주의가 필요합니다. 예전부터 그 토지에서 만들어온 재래품종이라면 우선 문제없이 자연재배가 가능하다고 생각하고 있습니다.

자연재배의 기본은 흙의 힘을 최대한 발휘시키게 하는 것입니다. 이것은 사과이든 야채나 쌀이든 마찬가지입니다.

저는 무농약·무비료 재배를 하기로 결심하여 시도하면서 꽃도 피지 않고 열매도 맺지 않는 참혹하고 냉혹한 시련의 시대를 거쳤습니다.

그러나 도토리나무를 훌륭하게 키워낸 산의 환경의 재현에 힘쓴 결과, 지금에 이르게 된 것입니다.

두말할 필요없이 모델은 자연입니다만, 그렇다면 사람 손이 필요없는 산과 같이 그저 밭을 방치해 두면 될까요? 물론 그렇지는 않습니다.

도토리가 자라는 산은 긴 세월에 걸쳐 자연이 이룩해 놓은 생명이 순환하는 환경으로 필요한 모든 조건이 갖추어져 그 결과 만들어진 환경입니다.

따라서 인간이 제멋대로 개척한 사과밭에다 그와 같은 환경의 재현을 목표로 한다면 밭의 균형이 그 방향으로 진행되기 쉽도록 사람의 손길이 미치지 않으면 안 됩니다.

대두의 파종은 제가 행하였던 도움 중에서도 가장 유효했던 것이었습니다.

3년 목표로 실시한 대두를 이용한 토양 만들기

대두를 비롯한 콩과식물의 뿌리에는 깨알보다 조금 클 정도의 혹이 있습니다. 이 혹은 뿌리혹박테리아의 서식지인데 이 균은 숙주인 콩과식물로부터 양분을 받아 반대로 공기 중의 질소를 고정하여 숙주에게 공급하는 공생관계에 있습니다.

그리고 뿌리혹박테리아가 모아놓은 질소는 전부를 숙주인 콩과식물(과 뿌리혹박테리아 자신)이 소비하는 것이 아니라 어느 정도 흙속에 남아 있게 됩니다.

이 뿌리혹박테리아라는 자연계에서 생식하는 미생물의 힘을 이용한 질소 보급은 실로 자연계의 균형과의 궁합이 잘 맞습니다. 저는 사과밭에 5년 연속하여 대두를 뿌렸습니다만, 그 사이 매해 대두의 뿌리에 붙는 뿌리혹박테리아의 수가 줄어가고 있다는 것을 알게 되었습니다.

그리고 5년째 되던 여름 대두를 뽑아보았더니 뿌리혹박테리아가 거의 보이지 않았습니다. 토양에 충분히 질소가 공급되었기 때문에 뿌리혹박테리아가 활동하지 않게 된 것이겠지요.

이처럼 환경은 스스로 부족한 것이 있으면 공급하고 부족이 해소되면 공급을 그칩니다. 저는 자연이 갖는 대단한 조정능력에 감탄하지 않을 수 없었습니다.

하지만 5년 연속 대두 파종은 작물을 질소과다에 빠지게 할 위험이 있는 것 같습니다. 토지의 조건에 따라서 다르겠지만 대략 3년 정도 파종했으면 2년은 쉬는 것이 가장 좋을 듯합니다.

또 토양에 고정된 질소의 양을 알기 위해서는 뿌리혹박테리아의 수를 조사해보면 됩니다. 대두의 키가 60cm 정도가 되었을 때(아오모리의 경우 4월에 뿌려서 7월이 되면 뿌리혹박테리아가 붙습니다), 뿌리째 뽑아서 뿌리혹박테리아의 수를 세어 봅니다.

한 그루당 30개 이상의 뿌리혹박테리아가 붙어 있다면 아직 토양이 질소를 요구하고 있다는 증거이므로 다음 해에도 뿌리도록 합니다. 뿌리혹박테리아의 수가 10개 이하가 되면 질소가 충분하다는 것으로 다음 해에는 대두를 파종하지 않습니다. 20개 정도라면 그럭저럭 균형을 잡고 있는 것이므로 다음 해는 파종을 하든

하지 않든 상관이 없습니다.

또한 토양에 질소분이 충분한지 어떤지를 판단하기 위해서는 사과나무 자체의 관찰도 잊어서는 안 됩니다. 밭에 양분이 충분한지, 사과나무 그 자체가 건강한지 어떤지는 1년에 자라는 웃자람가지(도장지)의 길이로 판단할 수 있습니다. 적정한 것은 약 1m로 이것이 1년에 30cm 정도밖에 웃자라지 않는다면 양분이나 원기가 부족한 것입니다.

저의 밭은 5년간이나 대두의 파종을 계속한 탓인지 대두의 파종을 그만두고 8년이 되었습니다만, 지금도 약 2m는 가지가 자랍니다. 따라서 다시 대두를 파종하는 것은 한참 후가 될 것입니다.

덧붙여 겨울철 전정방법에 따라서도 대두의 파종을 조정할 필요가 있습니다. 크게 가지를 잘라 준 곳은 지하부(뿌리)와 지상부(가지)의 균형을 맞추려고 사과나무는 가지를 많이 내는 경향이 있습니다.

이러한 나무 밑에 대두를 뿌리면 역시 질소과다가 됩니다. 그러므로 나무를 보고 올해는 가지를 많이 잘랐다고 생각하면 대두는 뿌리지 않도록 합니다.

이와 같이 대두를 사용하여 질소 보급을 할 때에는 밭 단위가 아니라 나무 상태에 비추어 보든 전정의 정도에 따라서든 사과나무

한 그루 한 그루를 보면서 조절하는 세심함이 필요합니다. 그만큼 잔손 가는 일이 많아진다는 것이지만 생계가 달려 있는 사과나무입니다. 그러므로 사과농가라면 당연한 일이라고 생각합니다.

자연은 단순한 것처럼 보여도 사실은 복잡하기 그지없습니다. 같은 사과나무라도 한 그루 한 그루 그 상태는 다릅니다. 사과는 말해주지 않습니다. 그러므로 돌보는 사람이 주의 깊게 관찰하지 않으면 이 재배법은 이루어질 수 없습니다.

마지막으로 대두의 파종방법입니다. 파종 시기는 흙이 건조해지기 시작하는 봄, 아오모리의 경우는 4월 하순경이 적기입니다. 그리고 사과나무 주위라면 어디에 파종해도 같은 효과를 얻을 수 있는 것은 아닙니다.

기본적으로 줄기의 밑동이나 나무 가까이는 뿌리지 않습니다. 이 중심부의 뿌리는 나무 전체를 지탱하기 위한 뿌리여서 양분을 흡수하기 위한 잔뿌리가 적습니다. 전혀 효과가 없는 것은 아니겠지만 잔뿌리가 많은 뿌리의 선단부분과 거리가 있어 적절한 시기에 공급이 안 될 우려가 있습니다. 필요치 않을 때 공급이 된다면 사과가 빨갛게 익지 않는 장해가 생기기도 합니다.

따라서 줄기에서 떨어진 곳에 뿌립니다만 수령 10년 미만의 어린 나무일 경우는 약 1m, 10년 이상인 성목일 경우는 1.5~2m 정도 떨어진 곳에 뿌립니다.

제 사과밭은 8~10m 간격으로 서로 엇갈려 나무를 심었기 때문에 〈그림 2〉, 〈그림 3〉과 같이 띠 모양으로 직선적으로 뿌렸습니다.

〈그림 2〉 대두를 뿌리는 위치

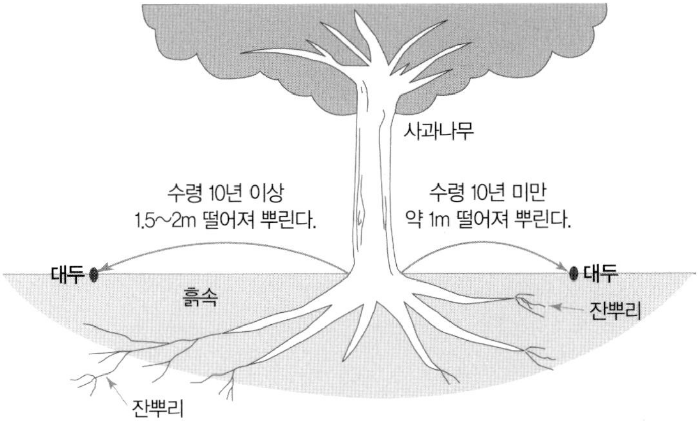

〈그림 3〉 사과나무의 배치와 대두를 뿌리는 장소

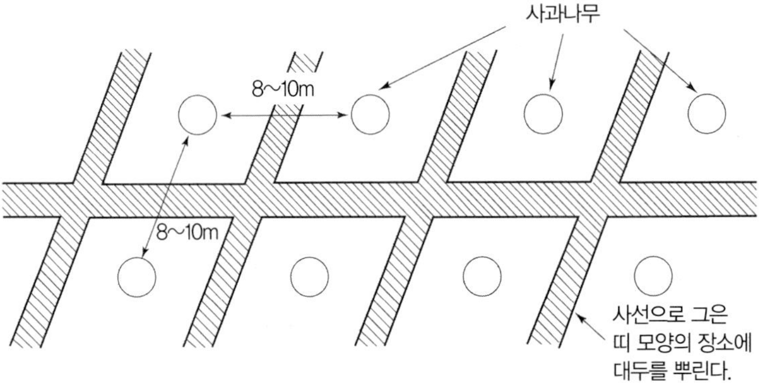

파종하는 대두의 양은 1ha당 30kg들이 자루 13자루 분량 정도 뿌리며, 유전자변형의 것이 아니라면 대두의 품종이나 품질을 따질 필요는 없습니다. 지스러기 대두를 대충 흩뿌려주면 됩니다. 다만 파종 후는 꼭 표토를 2~3cm 갈아서 흙을 덮어두어야 합니다. 이것을 게을리하면 파종한 대두는 모두 새들의 밥이 되어버립니다.

또한 줄기 가까운 곳에 파종을 피하는 것은 밭을 갈 때 뿌리를 다치게 할 위험성도 있기 때문입니다. 10년 미만의 나무는 그다지 걱정할 필요가 없으나 10년 이상 된 큰 나무는 뿌리를 다치게 되면 그 영향은 크기 때문에 주의가 필요합니다.

식초를 살포하여 병충해를 예방한다

사과재배의 어려움은 어쨌든 질병과 해충에 약하다는 점으로 집약할 수 있습니다. 사과나무는 산에 있는 도토리나무와는 달리 원래 일본에서 자생했던 식물이 아닙니다. 재배환경을 갖추어줌으로써 어느 정도는 기후에 대해 적응력을 높일 수는 있으나 역시 습기가 많은 일본에서는 곰팡이 등의 병해균의 피해를 보기 쉬운 것이 실정입니다. 사과의 무농약 재배가 어렵다는 이유가 바로 여기에 있습니다.

농약 사용을 그만둔 후 제가 끊임없이 고민했던 것도 병충해 대책이었습니다. 서적을 통해서나, 아니면 나름대로 효과를 기대해 볼 만한 여러 가지 방법으로 노력을 기울여 할 수 있는 것은 모두 해보았습니다만, 그중에서 효과를 확인하고 현재도 계속하고 있는 것이 다음의 방법입니다.

우선은 해충에 대한 대책으로 끊임없이 손으로 벌레나 그 알을 구제했다는 것은 이전에도 말했습니다. 그러나 4구획의 합계 6,600평의 밭, 거기에 심은 약 600그루의 사과나무에 붙은 벌레를 가족의 노동만으로는 다 잡아 없앨 수는 없었습니다.

그래서 제가 시도해 본 것은 사용한 지 오래된 튀김기름에 비누를 섞은 액상을 살포하는 것이었습니다. 살포는 4월 초 무렵이고, 목표는 잎말이나방의 월동란(越冬卵) 구제입니다.

벌레의 알은 실제로는 도감에 실려 있는 것처럼 눈에 띄는 알기 쉬운 곳에는 없습니다. 벌레도 살아서 자손을 남기기 위해 필사적이기 때문에 당연히 사람의 눈에 띄지 않는 곳을 골라 산란합니다.

알 자체는 매우 작아서 50~60개의 알 덩어리를 줄기나 가지에 낳습니다만, 이것이 나무의 표피 색과 거의 비슷한 색이라서 이른 바 보호색이 되어 매우 찾기 힘듭니다. 그래도 자세히 찾아서 눈에 띄는 대로 조제액을 살포해 갑니다. 조제액이 묻으면 알은 호흡할 수 없어서 죽어버리게 됩니다.

이 방법은 그런대로 효과가 있어서 조금씩이기는 하지만 잎말이나방은 개체수가 줄어갔습니다. 다만 밭의 환경이 개선되고 환경이 균형을 잡아감에 따라 벌레는 모습을 감추게 되었습니다. 벌레가 없어지면 살포할 필요는 없습니다.

제 밭은 마지막으로 살포한 후 벌써 십수 년이 되지만, 잎말이나방의 모습도 5년 전부터는 보이지 않습니다. 그러나 가끔 산에서 성충이 날아오는 것을 볼 때가 있습니다만, 알이 발견된다면 조제액을 살포하면 됩니다.

튀김기름과 비누의 혼합액은 잎말이나방 외에 흑성병에 대해서도 효과가 있어서 70~80% 정도는 이것을 살포하면 억제할 수 있습니다. 흑성병은 잎이나 과실에 검은 그을음 같은 반점이 생기고 더 지나면 과실이 코르크 상태로 변질해 버리는 질병입니다.

저의 사과밭은 균이 번식하기 어려운 환경으로 바뀌었기 때문일까요? 이전에 걱정거리였던 반점낙엽병은 발생하지 않게 되었습니다. 그러나 병원균이 곰팡이의 일종으로 포자를 날려 번식하는 이 흑성병은 여전히 경계해야 할 질병입니다.

앞에서도 말씀드린 튀김기름과 비누의 혼합액의 살포를 잠시 그만두고 있는 현재 흑성병을 방제하기 위해 식초를 활용하고 있습니다. 이 질병에 관해서는 초산의 살균효과가 높고 또 반점낙엽병 예방도 되기 때문에 근래 4년 정도는 오직 식초만을 이용하고 있습니다.

일반적인 산도 4.2~4.5%의 식초는 가격이 비싸서 저는 산도 3%

4월 하순부터 질병 확대를 억제하기 위해 희석한 식초를 살포한다.

초산의 살균효과는 높으며 반점낙엽병 예방도 된다.

의 저렴한 양조식초를 사용합니다(산도란 초 안에 함유된 초산이나 아미노산 등 각종 유기산의 비율을 말합니다). 그리고 식초를 사용한다고 해도 물론 원액을 그대로 살포하는 것은 아닙니다. 병원균뿐만 아니라 사과나무 자체가 타버리기 때문입니다. 때에 따라서 식초를 물로 수백 배로 희석하고 이것에 전착제(展着劑)로 밀가루 풀을 섞은 것을 살포합니다.

제 경우 폴리탱크에서 100m 연장호스를 연결하여 공냉 펌프를 사용하여 수작업으로 살포하기 때문에 상당한 중노동이 됩니다. 하루 3,000평 살포하기가 힘들고, 날씨가 좋아도 모든 밭에 살포를 끝내려면 3일 정도 걸립니다.

희석했다고는 하지만 식초이므로 살포할 때는 상당히 코를 찌르는 냄새가 납니다. 하지만 농약과 같이 몸에 묻어도 별다른 문제는 없고 무엇보다도 안전합니다.

식초를 살포할 때에는 시기와 농도에 주의할 필요가 있습니다. 그저 늘 하던 대로 정기적으로 뿌리면 되는 것이 아니라 사과의 생육상황과 병원균의 진행상황을 고려하면서 알맞은 농도로 조절한 식초를 때에 잘 맞추어 알맞게 살포해야만 합니다. 또 같은 농도로 살포를 계속하게 되면 병원균이 내성을 갖게 되므로 그때그때 농도를 바꿀 필요도 있습니다.

구체적인 살포방법은 뒤쪽에서 설명해 나가겠지만 여기서는 제가 사용하고 있는 전착제가 들어 있는 식초를 만드는 방법을 소개합니다.

전착제의 풀은 밀가루를 끓여서 만듭니다. 되도록 자연재배한 밀가루가 최고이지만 구입하기 힘들어서 저는 일반적으로 시판되고 있는 박력분을 사용하고 있습니다.

준비할 밀가루는 200~300g입니다. 이것을 큰 냄비에 넣고 5L 정도 물을 붓습니다. 냄비를 불에 올려놓고 끓어 넘치지 않게 저어주면서 풀 상태가 되면 됩니다. 이렇게 해서 만들어진 풀을 미리 희석해둔 식초를 넣어둔 폴리탱크에 섞으면 완성입니다. 풀의 비율은 약 0.4%. 500L의 폴리탱크라면 풀 2L 정도입니다.

고추냉이의 힘을 이용한 부란병 대책

흑성병 및 반점낙엽병과 마찬가지로 사과농가가 피해갈 수 없는 병이 부란병입니다.

이 질병은 그 이름대로 가지나 줄기의 수피(樹皮)가 썩어버리는 것으로, 병원균은 역시 곰팡이입니다. 가을에서 봄 사이에 날아온

고추냉이 항균력을 이용한 수목용 도포제 '수목의 미카타'를 바른 곳.

진흙을 환부에 발라주면 부란병이 억제되고 수피가 재생하기 시작한다.

포자가 전정한 자리나 적과한 자리 같은 나무의 상처 부분에 붙어 따뜻해지고 비가 내리기 시작하면 균사(菌絲)를 뻗어 나무에 퍼져나가고 방치해 두면 나중에는 말라버리는 매우 성가신 질병입니다.

관행농법에서는 부란병 대책으로 환부와 그 주변의 수피를 깎아버리고 그 자리에 도포제를 바르는 처방을 합니다. 직접 잎이나 과실 등에 살포하는 것은 아니지만 수피를 깎아버리고 목질부에 약제를 바르기 때문에 그 소독성분은 도관 등을 타고 과실에 영향을 미칠 수도 있습니다.

무농약 재배를 시작하면서부터 저도 이 질병에 대해 오랫동안 고생을 해왔습니다만, 10년 전쯤에 농약성분이 없는 매우 우수한 자재가 등장해서 도움이 되고 있습니다. 교토의 선·액트라는 회사가 제조하는 '수목의 미카타(樹木の味方, 미카타는 일본말로 내 편, 아군이란 뜻)'라는 제품인데, 고추냉이의 항균성분을 이용한 수목용 도포제입니다. 실은 이 제품의 실험을 저의 밭에서 하게 되어 개발에 협력을 할 수 있었던 것입니다.

사용방법은 환부와 그 주변의 목질부까지 깎아서 도려내고 약제를 바르기만 하면 됩니다. 일반 도포제와 마찬가지 방법입니다만, 성분이 고추냉이에서 추출한 것이므로 사과나무에 주는 영향은 적고 안전성도 높습니다.

'수목의 미카타'를 한번 도포하면 그 속에 있는 고추냉이의 항균작용이 6개월 정도 지속됩니다. 따라서 사용 후에는 부란병의 재발도 적어지고 또 도포한 상처부분에는 수피가 재생되어 3년 정도 지나면 흔적도 보이지 않게 됩니다.

'수목의 미카타'는 농약으로 지정되어 있지 않아 약사법 관계상 부란병 등에 효능이 있다고 알리면 안 된다고 합니다. 그러나 요사이 질병이나 쇠약한 수목을 치료하는 수목의(樹木醫)들에게 자주 이용되고 있다고 합니다.

저는 때와 경우에 따라서 '수목의 미카타'와 진흙말기를 병용하여 부란병을 대처하고 있습니다. 진흙말기는 사과밭의 흙을 물로 이겨서 만든 진흙을 환부에 바르는 방법입니다. 토양에 사는 다양한 균·미생물의 힘으로 병원균을 억제하는 것이 목적입니다.

사과농가에서 일반적으로 하고 있는 방법이며 어떤 경우든 이 방법만으로 대응할 수 있다는 것은 아닙니다만 효과는 있습니다. 쉽고 비용도 들지 않으며 무엇보다 가장 자연의 섭리에 맞는 방법이므로 저는 우선 이 진흙말기 방법을 하고 있습니다.

잎사귀에 해답이 있는 전정방법

아오모리는 12월부터 3월까지 눈으로 덮입니다. 물론 그해의 기후에 따라서도 변동이 있으나 사과농가의 일년은 아직 눈이 남아 있는 2월의 전정(剪定)작업에서부터 시작됩니다.

그리고 5월의 연휴가 끝날 무렵 개화가 시작되고 적화작업을 하게 됩니다. 꽃의 계절이 끝나고 작은 과실이 열리면 적과작업이 8월 중순까지 이어집니다.

9월에 들어서면 과실을 조금 돌려주거나 과실을 덮은 잎을 따주어 골고루 빨갛게 하는 착색작업을 한 다음 조생 쓰가루를 수확합니다.

전정작업을 직접 지도하고 있는 저자(왼쪽).

수확 전에 잎을 잘라내주거나 과실을 돌려가며 착색시킨다.

그 후 10월 상순부터 조나골드, 홍옥, 같은 달 하순에는 무츠, 11월이 되면 왕림, 부사 순으로 수확이 이어지며 또다시 눈이 오는 겨울을 맞이하게 됩니다.

관행농법이나 자연재배나 사과의 생육과정은 다르지 않고 어떤 시기에 무엇을 실시하는지 1년간 스케줄도 기본적으로는 다른 사과농가와 다를 바 없습니다. 다만 농약의 살포라는 행위를 제외하고는…….

제가 실천하는 자연재배는 밭을, 사과나무를, 그리고 주위의 환경을 철저하게 관찰하고 그 시점에서 가장 최선이라고 생각되는 방법으로 해나가는 재배법입니다. 그러므로 안내서처럼 이럴 때는 이렇게 한다는 식의 단순한 대처법을 설명할 수 있는 그런 것이 아닙니다. 그런 부분을 이해해주신 다음 연간 계획을 자기 나름대로 정해놓고 반복적으로 실시하는 작업에 대한 설명을 들어주셨으면 좋겠습니다.

우선은 전정작업입니다. 가지를 고르기 위해 하는 전정은 나무 전체에 햇빛을 쪼여주고 좋은 품질의 과실을 얻기 위해 꼭 필요한 중요한 작업입니다. 어느 가지를 남기고 어느 가지를 자를 것인가, 또 강(強)전정으로 할 것인지 약(弱)전정으로 할 것인지 그 방법에는 사과농가에 따라 각각 생각과 기호가 있습니다.

제 경우는 사과 잎의 잎맥 모양을 참고로 전정하고 있습니다. 산에서 건강하게 자란 나무들을 잘 관찰해 보면 가지 뻗은 모양이 좌우대칭이며 그 잎에 새겨진 잎맥의 모양과 아주 닮았다는 것에 놀라게 됩니다.

자연계 속에는 예를 들어 눈의 결정 모양이나 해안선의 모양 등을 확대·축소하면 같은 모양이 반복하여 나오는 프랙탈(자기상사성)이라고 불리는 현상이 자주 있다고 합니다. 정말 신기한 일입니다만, 식물이 가지를 뻗는 방법도 지하부에 있는 뿌리가 뻗는 모양이나 그 잎의 잎맥의 모양과 닮았습니다. 그리고 잎맥의 모양에 따라 사과나무를 전정하면 결과도 좋습니다.

이것은 사과뿐만 아니라 다른 과수·작물에서도 마찬가지인 것 같습니다.

저는 제 재배법에 대해 설명하기 위해 전국 각지를 다니고 있습니다만, 가고시마의 아마미오시마(奄美大島)에서는 망고 생산자에게, 홋카이도에서는 멜론 생산자에게 가지의 전정과 유인방법에 대해 질문을 받았습니다. 양쪽 질문에 대한 저의 대답은 "잎에 답이 나와 있습니다"라는 것이었습니다.

물론 저는 망고를 재배한 경험은 없습니다. 망고가 줄기에 직접 과실을 맺는다는 것을 저는 그때까지 몰랐습니다.

그러나 식물은 각각의 잎맥에 따라 키우는 것이 자연스럽고 바르다는 것을 경험상으로 알고 있었습니다. 제 의견을 참고로 해서 재배한 멜론, 망고는 그 후 아주 잘 자라고 있다는 보고를 받고 있습니다.

4월 하순부터 9월 중순까지 식초를 살포

전정작업 이후에는 역시 병충해 대책이 사과재배에서의 주된 작업이 됩니다. 현이나 농협이 지도하는 재배법에서는 석회보르도액이나 데미린수화제, 베프란액제 등 농약을 사용하지만, 제 사과밭에서는 앞에서 설명한 밀가루 풀을 섞은 식초를 곧잘 사용합니다.

1년 중 처음으로 식초를 살포하는 것은 4월 하순, 식초의 희석배율은 200~300배입니다. 흑성병의 확산방지를 주목적으로 합니다.

흑성병은 저온다습한 시기에 나타나는 곰팡이로서 그 해바라기꽃 같은 모습은 100배의 현미경으로도 확인할 수 있습니다. 꽃잎에 해당하는 부분에 포자가 붙어 있고, 이것을 퍼뜨리는 것이 2월경입니다. 포자는 가지 등에 붙어서 번식하기 시작하지만, 이것을 방제하는 것은 4월 하순이 가장 좋은 것 같습니다.

다음으로 식초를 뿌리는 시기는 꽃피는 계절이 끝나고 작은 과실을 맺을 무렵입니다. 평년이라면 저의 지역에서는 5월 20일경입니다. 이것은 첫 회 살포와 마찬가지로 흑성병의 확산방지와 더불어 반점낙엽병 예방을 위한 것입니다.

살포하는 식초의 희석배율은 800배입니다. 이 정도로 묽게 희석을 하는 것은 열매를 맺기 시작한 과실에 피해를 주지 않기 위해서입니다. 이 시기의 과실은 표면에 미세한 털이 나 있습니다.

이 털은 아직 어리고 여린 과실을 보호하는 역할을 하는데 첫 번째 살포와 마찬가지로 300배 정도의 식초를 뿌리면 이 털이 타 버립니다. 그리고 털이 타 버린 자국은 염증을 일으키고 있는 상태가 되어 그 후 열매가 커서도 그 부분에는 색이 나오지 않습니다. 800배 정도의 옅은 식초라면 털이 타 버릴 염려도 없어 안심하며 살포할 수 있습니다.

사과가 병에 걸리는 원인은 대부분 습기가 많기 때문입니다. 두 번째 살포가 끝나면 장마가 시작되는 6월이 가까워 옵니다. 일본의 여름은 기온도 높고 습기 역시 많아 사과에게는 힘든 계절입니다.

따라서 이후는 약 10일마다 살포해줍니다. 물론 매년 같은 시기에 기계적으로 살포하는 것이 아니라 해에 따라 달라지는 사과의

〈그림 4〉 사과의 자연재배 스케줄 예시(기무라 아키노리)

기상	월	작업
눈	1월	
눈	2월	전정
눈	3월	↓
	4월	↓ 4월 중순 4월 하순 식초 살포(200~300배)
	5월	5/10 개화 적화(과) 5/20 식초 살포(800배) 5/30 식초 살포(600배)
	6월	↓ 6/10 식초 살포(300~500배) 6/20 식초 살포(200배) 6/30 식초 살포(300배)
장마	7월	↓ 희석율을 바꿔가며 10일 간격으로 살포. 수확 전에 살포를 끝낸다.
	8월	↓ 8월 15일 전 착색작업 시작
우기	9월	쓰가루 수확 9월 상순 마지막 식초 살포(500배)
	10월	조나골드 · 홍옥 수확
	11월	↓ 무츠 수확 왕림 · 부사 수확
눈	12월	

생육상태를 관찰하면서 살포할 시기를 맞추는 것은 당연합니다.

세 번째 살포는 5월 30일, 식초의 농도는 600배입니다. 열매를 늦게 맺는 것 같으면 이 배율로는 과실에 영향을 줄 염려가 있으므로 주의가 필요합니다.

네 번째는 6월 10일, 식초의 농도는 300~500배입니다. 흑성병의 상황을 관찰하여 확산되고 있는 것 같으면 500배, 그렇지 않으면 300배 이런 식으로 합니다.

다섯 번째는 6월 20일, 식초의 농도는 200배입니다. 여섯 번째는 6월 30일, 식초의 농도는 300배……. 이런 식으로 열흘마다 희석배율을 바꾸면서 식초를 살포해 갑니다.

앞서 말한 바와 같이 동일한 농도에서 살포를 계속하게 되면 균이 내성을 갖게 되므로 꼭 변화를 주도록 합니다.

이러한 식초의 살포를 반복하고 마지막으로 9월 10~15일 사이에 반드시 500배 정도의 식초를 살포하고 끝냅니다. 가을비가 내리고 또다시 흑성병이 활동을 활발하게 개시하기 전에 마지막으로 살포한다는 의미입니다. 그 후는 식초가 농약에 준한다고 할 수 있으므로 수확 때까지 살포하지 않습니다.

또 9월 중순경에는 사과밭을 덮고 있던 잡초를 베어줍니다. 마구 자라고 있던 잡초는 상당히 큰 보온·단열효과를 갖고 있어 적절한 시기에 잘라주어 지온을 낮춰주지 않으면 사과가 가을이 왔다는 것을 감지하지 못하고 과실에 색과 단맛이 생기지 않게 됩니다.

기본적으로 제가 사과재배에서 하고 있는 작업은 이상과 같은 것입니다. 식초의 살포가 힘들다고 한다면 힘든 것이겠지만 사과를 둘러싼 환경이 한 번 좋은 균형을 잡기만 한다면, 사과를 위해 인간이 해줄 수 있는 것은 그 균형이 깨지지 않게 작은 조정을 하는 것뿐입니다. 다만 그 작은 조정이 필요한 때를 아는 안목이 중요하며 타이밍을 놓치게 되면 사과밭의 균형은 또다시 좋지 않은 방향으로 기울게 되어 버립니다.

최근 일본 각지는 물론 한국 등 해외에도 생산자들에게 강연을 하기 위해 뛰어다니게 되다보니 제가 사과밭을 돌보는 시간이 줄어들게 되었습니다.

실제 아내에게 맡겨버릴 때가 많지만, 그래도 시간만 있으면 사과밭을 관찰하고 '만사 제쳐두고 이 시기에 이것은 꼭 해야 한다'고 생각될 때에는 절대적으로 사과를 살피는 것을 최우선으로 하고 있습니다. 사과밭에 발소리를 들려주고 거기에 있는 환경을 자세히 관찰하는 것이 역시 이 재배법의 기본이라고 명심하고 있습니다.

Part
5

쌀 자연재배의 기본상식

쌀 자연재배의 기본상식

대규모 생산일수록 적합한 자연재배

저의 쌀재배에 대해서는 지금까지 말한 바와 같이 사과보다도 한발 앞서 농약도 비료도 퇴비도 사용하지 않는 재배법을 이룰 수 있게 되었던 것입니다. 앞에서 예를 들었던 작은 유리 술병을 이용한 실험 등으로 경운을 거칠게 하고 써레질도 아주 간단하게 하는 것이 결과적으로 흙의 '위력'을 발휘시키게 된다는 것을 확인하였습니다.

그러한 실천과정에서 "어떻게 하면 벼가 기뻐할까?"라는 관점에서 시행착오를 거듭하면서 여러 가지 '해답'을 찾아가며 그 결과 오늘에 이르러서는 300평당 540kg 정도까지 수확을 할 수 있게 되었습니다.

그런데 일반적으로는 자연재배에 의한 쌀재배는 "효율이 나쁘다", "대량생산에는 맞지 않아 농업경영을 할 수 없다"는 이미지가 강하게 정착하고 있는 것도 현실입니다. 과연 정말 그럴까요? 저의 재배법은 자가소비용으로 재배할 정도의 소규모 생산이어서 가능한 것일까요?

저는 결코 자연재배에 의한 농업경영이 불가능하다고는 생각하지 않습니다. 오히려 이 재배법이야말로 대규모 생산에 더 적합하다고 생각합니다.

이 사실을 몸소 증명해주고 있는 분이 아키타현 오가타무라에서 쌀재배를 하고 계시는 (유)이시야마 농산 대표인 이시야마 노리오 씨입니다.

이시야마 씨는 4~5년 전에 처음 만났지만, 그야말로 한 가지를 말하면 열을 아는 농사꾼이었습니다. 하치로가타(八郎潟)를 간척해서 만든 광대한 용지에 그때까지 유기농법에 의한 벼농사를 해온 이시야마 씨는 무농약·무비료 쌀재배를 해가며 300평당 300~360kg밖에 수확을 올리지 못하는 경우를 여러 번 봐왔던 까닭에 처음에는 경영이 어려운 농법이라고 생각했었다고 합니다.

그러나 저의 자연재배법에 대해 이야기했더니 "건토효과라? 그

것이라면 잘 될지도 모르겠군" 하면서 처음부터 이해해 주셨습니다. 유기농법을 하면서 이시야마 씨도 자신의 경험을 통해 작물이 자라는 유기적 관계나 흙속의 환경에 대해 깊은 지식을 갖고 있었던 것 같습니다.

대략적인 자연재배의 요점을 설명드린 후, 처음에는 300평 정도부터 시험재배를 권했습니다만, 워낙 대규모 생산자이기 때문에 건조기 등의 규격부터가 최저 1,800평이 아니면 시작할 수 없는 것이었습니다. 이 시점에서 이미 제 논의 3배 정도의 규모입니다.

이시야마 씨는 이 시험재배로 300평당 360kg 정도라도 올리면 그럭저럭 괜찮겠다고 생각했었다고 합니다만, 첫해 480kg을 수확할 수 있었습니다. 그 후 자연재배에 자신을 얻은 그는 유기농법을 그만두고 본격적인 전환을 결심하게 되었습니다.

제가 실제로 이시야마 씨와 얼굴을 대한 것은 겨우 세 번에 불과합니다. 모르는 것이 있어도 전화로 충분합니다. '건토효과'라는 한마디로 열까지 바라보는 이 사람이라면 제가 이런저런 말을 하지 않아도 괜찮을 것이라는 확신을 하고 있었던 것입니다.

제 눈은 틀림이 없었습니다. 이시야마 씨는 이듬해부터 자연재배 논을 늘리고 또 자기 자신이 해답을 이끌어내어 이 재배법을 보다 높은 차원으로 확립해 나갔습니다.

현재는 60,000평의 논 중 54,000평에서 자연재배를 실천하고 평균 300평당 540kg이라는 결과를 얻고 있습니다. 관행농법에서 600kg이므로 그 성과는 놀랍다고 할 수 있습니다. 머지않아 유기농법을 하고 있는 나머지 6,000평도 자연재배로 전환할 것이라고 합니다.

다음은 저의 쌀재배의 기본과 더불어 이시야마 씨가 실천하고 있는 재배법을 사례로 소개하겠습니다.

'건토효과'를 최대한 발휘시킨다

이 재배법은 비료·농약을 사용하지 않고 제초하는 수고도 덜며 일반적인 관행농법이나 유기농법과 비교해서 작업하기 쉬운 농법입니다. 다만 논이나 벼의 상태를 보면서 이 시기에 이러한 작업을 제대로 해두지 않으면 농사가 제대로 안 된다는 중요한 포인트가 몇 가지 있습니다.

그리고 작업을 단지 해야만 하는 절차 정도로 생각하지 말고 이 작업이 왜 필요한지, 이 작업으로 논이나 벼는 어떻게 될 것인가라는 작업의 의의와 메커니즘까지 이해해 두는 것이 중요하다고 생각합니다. 왜냐하면 논이나 벼는 살아 있고 자연재배란 그 생명력을 최대한 발휘시키기 위한 수법이기 때문입니다.

같은 논에서 같은 품종의 쌀을 재배하고 있어도 해마다 기후가 다르고 논이나 벼를 둘러싼 환경도 변화합니다. 상황의 변화에 따라 논과 벼의 힘을 발휘시키기 위해서는 최소한 그 작업의 의미를 파악하고 그때그때에 알맞은 작업을 해줄 필요가 있습니다.

작업이 논이나 벼의 생육에 어떤 영향을 주는가를 염두에 두고 논이나 벼를 내 몸으로 바꿔놓고 추론을 세워간다면 스스로 해답을 찾을 수 있습니다.

그러면 자연재배에 의한 쌀재배에 있어서 우선 제일 먼저 짚고 넘어가야 할 포인트, 그것은 봄에 논을 갈기 전에 해두지 않으면 안 되는 작업입니다.

예컨대 가을에 수확이 끝난 후의 논을 생각해 보세요. 물이 빠진 논바닥 흙 위에는 가을걷이한 그해의 지푸라기가 많이 널려져 있을 것입니다. 이것을 그대로 방치해 둔 채 논을 가는 계절을 맞이했다고 합시다.

그 널려 있는 볏짚을 자세히 보면 회색으로 변색한 것과 노란색 그대로인 것이 있을 것입니다. 논을 갈고 난 후에 물을 대면 전자는 가라앉고 후자는 뜹니다. 실은 이 물에 뜨는 노란색 그대로인

지푸라기가 논이나 벼에 해를 가져오는 것입니다.

노란색 그대로인 지푸라기는 박테리아에 의해 분해되지 않고 풍화되지 않는 짚입니다. 이것을 그대로 호미질을 해서 물을 주게 되면 6월경 고온의 흙속에서 부패하여 냄새나는 가스를 발하게 됩니다. 마침 벼는 분얼기(分蘖期)를 맞아 이제부터 성장하려는 시기로 가스가 발생하면 벼의 생장은 멈추고 경우에 따라서는 말라버리게 됩니다.

이러할 때에 일단 물을 빼고 논을 말리는 작업이 일반적으로는 이루어집니다. 확실하게 가스대책으로는 효과가 있습니다만, 논바닥의 흙이 갈라지고 벼의 뿌리도 잘리게 되면 치명적입니다.

여러 가지로 좋지 않은 작용을 하는 노란색 볏짚과 비교해서 회색으로 변색된 볏짚은 풍화가 이루어지고 있기 때문에 유해가스를 발생하는 일도 없고, 흙속에서 빨리 분해되어 귀중한 질소의 공급원이 됩니다. 비료를 일절 사용하지 않는 것이 이 재배법의 큰 특징입니다만, 아시다시피 식물의 생장에 질소는 없어서는 안 되는 것입니다.

다만 인공적으로 공급하는 과잉질소분은 식물에게도 또 환경에도 이점보다는 단점이 큽니다. 박테리아 등의 미생물이 존재하는 자연스러운 순환 속에서 어떻게 식물에게 필요한 만큼의 질소분이 공급될 수 있는가가 실은 자연재배를 하는 데 있어서 열쇠가 되는 기술의 하나입니다.

다른 작물처럼 콩과식물을 이용하기에는 힘든 쌀재배에서는 이 풍화된 볏짚의 이용은 매우 유효한 수단입니다. 문제는 노란색인 채로 있는 볏짚을 어떻게 하느냐 입니다. 이때에 필요한 것이 써레질 전의 한 작업입니다.

볏짚이 풍화되어 회색으로 변색되는 것은 호기성균의 작용에 의한 것입니다. 될 수 있는 대로 공기가 건조할 때를 골라 포크 등을 이용하여 논의 지푸라기를 균등하게 펼쳐 균이 활동하기 쉽게 해주면 됩니다.

이때 특히 주의해야 하는 것이 논의 네 모서리입니다. 논에서 콤바인을 사용하여 추수를 하면 방향전환을 하는 모서리 부근에 지푸라기가 쌓이기 쉽습니다. 아래 쌓인 볏짚은 공기에 닿기 힘들므로 호기성균이 활발하게 작용하기 힘듭니다.

따라서 이곳에 중점적으로 볏짚을 펼쳐둘 필요가 있습니다. 펼쳐둔 후 1~2주간 지나면 노란색 볏짚도 회색으로 변색하고 있을 것입니다. 이것으로 논갈이의 준비가 된 것입니다.

초봄에 하는 갈기는 어디까지나 크고 거칠게 갈며 흙을 잘 건조시키는 것이 중요합니다. 이것은 물론 흙속에 산소가 골고루 미칠

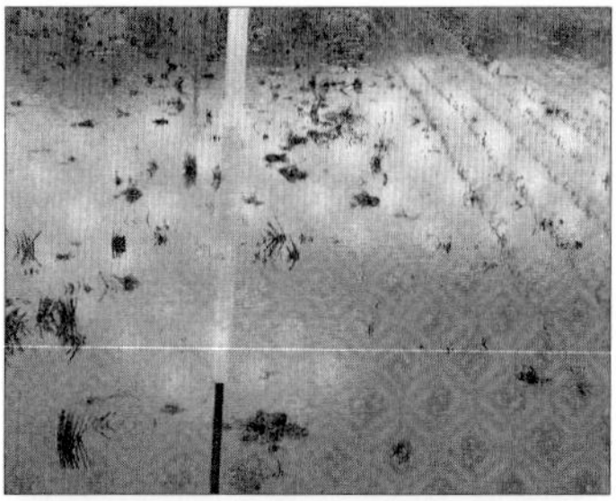

모내기 시기의 논. 풍화한 지푸라기가 보인다.

써레질도 아주 간단하게 해준다.

잡초가 보이는 논. 이렇게 되기 전에 한번 제초해 주는 것이 좋다.

수 있는 환경을 만들고 호기성균의 활동을 촉진시키기 위해서입니다. 제대로 건조시키지 않은 채 갈게 되면 흙의 힘이 충분히 발휘되지 못할 뿐 아니라 잡초도 생기기 쉽게 됩니다.

이시야마 씨의 경우는 전부 60,000평이라는 대규모 생산자인 만큼 논을 가는 데 사용하는 트랙터도 대형입니다. 기계도 대형이기 때문에 잘고 꼼꼼하게 가는 것보다도 크고 거칠게 가는 쪽이 간단합니다. 이 재배법이 대규모 산지일수록 적합하다고 하는 이유가 여기에 있습니다.

그리고 논에 물을 댄 후 써레질도 논을 갈 때와 마찬가지로 되도록 간소하게 합니다. 물속에도 산소는 녹아 있기 때문에 호기성균이 활동하기 쉽게 하려면 역시 흙덩어리가 굴러다닐 정도가 좋습니다. 꼼꼼하게 써레질을 해서 흙이 팥을 으깬 것같이 질어지면 균이 활동하지 않게 됩니다.

이시야마 씨의 방법은 보다 더 철저해서 먼저 얕게 물을 주고 흙에 스며들게 한 다음 며칠 후 물을 깊이 대어 물만을 섞어줍니다. 이것으로 써레질은 끝입니다. 물을 휘저으면 많은 산소가 녹아 들어가게 되므로 이것은 좋은 방법이라고 생각합니다.

완숙퇴비를 이용하여 자연계에서의 발아를 재현

예부터 쌀재배는 묘반작(苗半作)이라 하는 것처럼 볏모의 됨됨이가 그해의 작황을 크게 좌우합니다. 자연재배에 의한 쌀재배도 마찬가지이며 모내기 전에 하는 공정으로 볏짚의 처리나 논갈이와 함께 육묘를 중시합니다.

이시야마 씨는 "부엽토 위에 떨어진 씨앗이 우연히 조건이 맞을 경우에 발아한다"는 자연계에서의 식물의 발아를 생각하여 그 발아하는 조건을 재현하고자 다음과 같은 독자적인 육묘기술을 확립하였습니다.

논의 흙에 정미할 때 생긴 쌀겨를 3분의 1 정도 섞어 완숙퇴비를 만듭니다. 물을 뿌려 뒤엎어 갈아주며 발효를 시킵니다만, 이때의 발열로 잡초의 씨앗이나 균류의 활동을 억제시킵니다.

발효는 대략 6개월 정도 걸려서 하므로 충분히 완숙되어 대부분의 유기물이 분해되어 발효비료가 완성됩니다. 이것을 육묘토(育苗土)로 합니다. 풀(pool)을 못자리로 하여 볍씨를 심고, 물을 바꿔주는 것이나 온도 관리에 유의하여 튼튼한 모종을 키웁니다.

모내기 후의 제초가 잡초의 세력을 억제한다

모내기 후에 잊어서는 안 되는 작업이 제초입니다. 논갈이 전에 충분히 흙을 말려놓으면 잡초가 자라는 것을 상당히 억제할 수 있습니다만, 비가 계속 내려서 건조가 충분하지 않았을 경우도 있을 수 있습니다.

최근 들어서는 지구온난화 때문인지 북쪽지방의 논에서도 방치해 두면 잡초가 왕성하게 번식하게 되었습니다. 물론 이 재배에서는 제초제는 일절 사용하지 않기 때문에 벼를 순조롭게 생육시키기 위해서는 사람 손으로 직접 제초작업을 하는 것이 필요합니다.

첫 제초는 모내기가 끝나고 바로 합니다. 1주일에서 10일 후 모종이 자리를 잡았을 무렵에 합니다. 방법은 그야말로 간단합니다. 논두렁 사이를 자동차의 타이어체인을 끌고 다니면 됩니다.

이 작업을 일주일마다 3~4회 정도 반복해주면 놀라운 효과를 올립니다. 중요한 것은 아무리 논에 잡초가 보이지 않게 되었다 하더라도 반드시 이 작업을 실시하는 일입니다. 실은 막 발아한 잡초의 눈이나 잎은 매우 작기 때문에 눈으로 확인하기는 무척 힘듭니

이시야마 씨는 모내기 직후 첫 번째 제초작업에 들어간다.

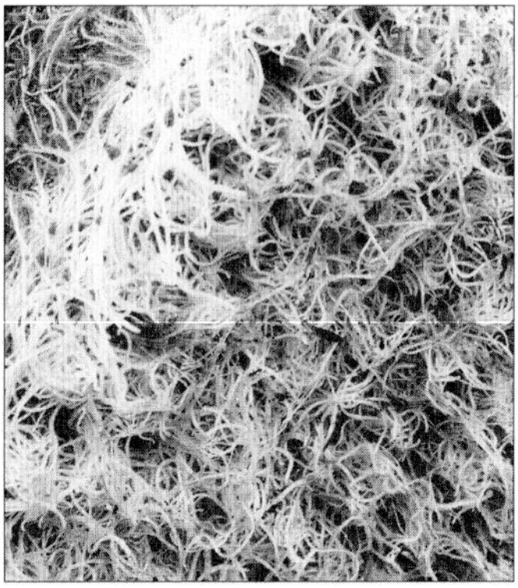
모종 만들기를 잘해야 잔뿌리가 많아진다.

다. 따라서 발아하자마자 아직 잡초의 세력이 약한 시기에 하는 이 작업이 그 이후를 크게 좌우합니다.

이시야마 씨의 제초작업은 더 철저하여 자가 개발한 제초용 기계를 사용하여 모내기 다음날부터 작업을 시작합니다. 경작면적이 60,000평이나 되기 때문에 제초작업이 전부 한번 돌아 끝나면 곧바로 맨 먼저 끝낸 논의 두 번째 제초작업에 들어가는 그런 방식으로 진행됩니다.

시비(施肥)를 하지 않으므로 뿌리가 4배나 발달

이상과 같은 것이 이 재배법을 진행해 나가는 데 있어서 최소한 소홀히 해서는 안 되는 포인트입니다. 이밖에 기본적인 작업은 시비 및 병해충 방제를 일절 하지 않는 것을 제외하면 관행농법과 다를 바 없습니다.

이시야마 씨는 이전 논 전체를 유기농법으로 했을 때와 비교해서 자연재배의 좋은 점을 다음과 같이 말하고 있습니다.

"이 재배법의 우수한 점은 병해충 걱정이 없다는 것입니다. 비료나 퇴비는 벌레나 균을 불러들입니다. 아무것도 사용하지 않는 논은 질병의 원인이 되는 그러한 것들이 가까이 오지 않기 때문에 이삭누룩병이나 도열병의 발생률은 비료를 준 논의 10분의 1 정도에 불과합니다. 그것도 발생하기 쉬운 곳은 다른 논의 비료가 흘러 들어오는 취수구 주위뿐입니다. 벼물바구미도 발생하지 않는 것은 아니지만 논의 가장자리 둑 부분만입니다. 역시 질소분이 많은 까닭인 것 같으므로 가장자리 부분은 논을 갈기 전에 지푸라기를 제거해 두도록 하고 있습니다."

병해충에 강하기도 하지만 수확하는 쌀의 품질에 대해서도 자신을 갖고 계시는 것 같습니다. 이시야마 씨는 사사니시키를 주로 재배합니다만, 자연재배로 전환한 후 더 찰지고 맛이 향상되었다고 합니다. 그 요인으로 벼의 뿌리 성장이 현격하게 좋아진 까닭이 아닌가 하고 분석하고 있습니다.

"오가타무라는 해수와 담수가 섞인 기수호(汽水湖)였던 하치로가타를 간척해서 만들어진 곳이므로 원래 토양에 미네랄이 풍부합니다. 뿌리 성장이 좋아진 만큼 이 미네랄을 충분하게 흡수할 수 있게 되었기 때문인 것 같습니다."

확실히 자연재배로 키운 벼를 뽑아보면 보통 벼와 비교하여 원뿌리의 길이는 2배 정도, 뿌리의 총량은 아마도 4배 정도는 발달하고 있습니다. 이것은 시비를 하지 않았기 때문에 벼 자신이 양분을 찾으려고 열심히 뿌리를 뻗은 결과입니다.

자연재배에서의 벼의 생장에는 관행농법과 다른 특징이 있습니다. 모내기 후 약 두 달간의 생장이 매우 느립니다. 이 무렵에 다른 논과 비교해 보면 너무나 왜소하고, 키가 작은 벼의 모습에 실망할지도 모릅니다. 어떤 의미에서 자연재배의 성패의 갈림길은 여기에서 인간이 인내할 수 있는지 어떤지에 달려 있다고 할 수 있습니다.

작고 볼품없는 것은 지상부에 나타난 것만이며 지하부, 다시 말해서 뿌리는 이 시기 점점 자라고 있습니다. 그리고 기온이 상승하고 8월 이삭이 필 무렵이 되면 늦게 자라는 듯 보였던 지상부가 단숨에 자라기 시작하여 금방 보통의 벼와 비교하여 손색이 없을 정도로 생장합니다.

이시야마 씨는 300평 기준, 관행농법과 비교하여 수확량이 60kg 정도 적은 것은 이 초기 생장의 지체 때문이 아닌가 라고 합니다. 확실히 그것은 그런지도 모릅니다. 다만 저는 술통에 저장한 위스키가 숙성하는 중에 '천사의 몫'으로 조금씩 줄어들면서 맛이 깊어지듯 이 60kg은 맛있는 쌀을 만들기 위한 '자연의 몫'이 아닐까 하는 생각도 합니다.

아무튼 자연재배에 의한 쌀 만들기의 요점은 이상과 같은 것입니다. 그 나머지는 제 경우 물 관리도 관행농법과 마찬가지로 하고 있습니다. 이에 대해서 이시야마 씨는 물 관리도 연구하여 실천하고 계시므로 마지막으로 그 방법을 소개하겠습니다.

이시야마 씨의 논은 모내기 후, 산소 결핍상태가 되지 않게 물

자연재배 논(왼쪽)은 모내기 후 당분간, 주로 뿌리를 생장시키고 있기 때문에 지상부는 다른 논보다 생장이 늦어 보인다.

을 조금씩 흘려줍니다. 그러나 일단 비가 내리기 시작하면 항상 흘려주었던 물을 잠가 버립니다. 비는 하늘에서 떨어지는 사이에 공기 중의 70%을 차지하는 질소를 흡수합니다. 빗물을 모이게 하여 이 자연의 질소분을 유효하게 이용하고자 하는 목적입니다. 비가 그치고 나서 24시간 그대로 상태를 유지한 후에 다시 용수를 흘려보내주는 작업을 합니다.

이시야마 씨의 쌀재배 성공은 자연의 섭리를 이해하고 벼라는 작물에 자신을 바꿔놓고 세세한 부분까지 배려하는 이러한 자세가 있었기 때문에 가능했던 것입니다.

아키타현 오가타무라에서 자연재배에 의한 대규모 벼농사를 짓고 있는 이시야마 씨(저자의 사과밭에서).

Part
6

야채 자연재배의 기본상식

야채 자연재배의 기본상식

자연재배는 해충 피해가 적다

사과재배에 악전고투하고 있었을 무렵 저는 쌀과 마찬가지로 각종 야채도 무농약·무비료에 의한 재배를 시작하였는데, 그것은 비교적 빨리 결과를 얻을 수 있었습니다.

이 재배법을 설명하며 전국을 돌아다니기 시작하면서 다른 작물에 할애할 시간이 없어진 요즈음은 손이 가지 않고 방치해 두어도 잘 자라는 토마토 정도밖에는 재배하고 있지 않습니다만, 지금까지 제가 해보았던 작물은 감자, 옥수수, 당근, 순무 등 10여 종류로서 일반적인 야채는 거의 했다고 생각합니다.

이 야채재배에서도 크게 참고가 되었던 것이 예를 들었던 빈병을 이용한 실험입니다. 그리고 이것도 되도록이면 크고 거칠게 밭을 갈아줌으로써 건토효과를 최대한 발휘시키는 수법이 효과를 나타내 주었습니다. 또한 비료나 퇴비 등 인위적으로 양분을 주지 않는 방법은 현저한 효과를 보여 벌레가 거의 붙지 않았습니다.

작물에 벌레가 붙어 있거나 또는 벌레가 먹은 흔적이 있는 것을 농약을 사용하지 않은(또는 농약사용량을 줄였다) 증거로 좋게 보는 풍조가 있습니다. 과연 그럴까요? 농약은 물론 비료도 퇴비도 주지 않는 저의 재배법에서는 벌레조차 가까이 오지 않습니다.

자연환경 속에서는 불필요한 것, 필요 이상의 것은 생성되지 않습니다. 만약 무언가가 과잉하게 넘친다고 하여도 그것을 섭취, 분해하는 역할의 또 다른 무언가가 나타나 균형을 회복시켜 줍니다.

비료·퇴비는 과잉양분이며 그것을 벌레가 먹어주고 있다는 것이 제 해석입니다. 그래서 처음부터 과잉양분을 주지 않는 자연재배에서 벌레의 해가 적은 현상은 그것을 증명하는 것이 아닐까요?

여기서는 주로 야채의 자연재배에 대해 설명해 나가겠습니다만, 우선 작물의 종류와는 상관없이 많은 야채에 공통되는 기본적 방법과 생각에 대해 말씀드립니다.

원산지의 환경과 종자

먼저 원산지의 환경에 대하여 말씀드리겠습니다.

현재 일본에서는 여러 종류의 다양한 야채가 재배되고 있습니다만 그런 것들의 근본, 원종(原種)은 물론 자연에 서식했던 야생식물입니다.

그리고 원종이 원래 자라고 있었던 장소나 최초로 작물화된 장소는 일본에 국한된 것이 아니라 그야말로 천차만별의 환경·기후 속에서 각자 자라고 있었습니다.

예를 들어 토마토는 비가 적은 남미의 안데스 지방이 원산지이고, 오이나 가지는 비가 많은 동남아시아, 멜론 등은 사막이 원산지입니다.

오늘에 이르기까지 그러한 식물은 품종개량이 거듭되어 원산지에서 멀리 떨어진 일본에서도 재배하게 되었으나, 농약이나 비료를 사용하지 않고 잘 키우기 위해서는 되도록 원산지의 환경에 가깝게 만들어주는 것이 좋습니다.

다음은 종자에 대하여 말씀드리겠습니다.

가장 좋은 것은 자신의 밭에서 재배한 작물에서 자가 채종(採種)한 종자를 이용하는 것입니다. 거기에서 생장한 식물이 꽃을 피워 종자를 맺고 그것이 주변의 흙 위에 떨어져서 또 발아합니다. F_1종자는 고르지 못하기 때문에 종자채취는 피하지만 이러한 사이클은 자연 속에서의 섭리이며 이 순환을 반복하므로 점차 작물도 토양도 서로의 조건이 보다 적합한 관계를 이루어 가게 됩니다.

구입한 종자를 사용할 경우는 유전자를 조작하여 품종개량한 것은 되도록 피합니다. 비료나 농약으로 표면을 코팅한 종자는 사용하지 않아야 하며, 이러한 것을 사용하면 발아한 후에 진딧물 같은 해충이 많이 발생합니다. 자연재배에서는 새로 개발된 품종보다는 재래품종을 선택하는 것이 대체적으로 좋은 결과를 얻을 수 있습니다.

흙의 힘을 살리는 경운과 파종 · 묘 정식의 방법

야채의 자연재배 시 경운 또한 논과 마찬가지로 매우 중요한 작업의 하나입니다. 기본은 흙덩어리가 여기저기 굴러다니고 있는 그런 이미지로 크고 거칠게 갈고 토양 내부에까지 공기가 닿을 수 있도록 가는 것입니다.

다만 이 상태에서는 파종 후에 흙을 덮어주는 것이나 모종의 이

〈그림 5〉 토양 경운방법

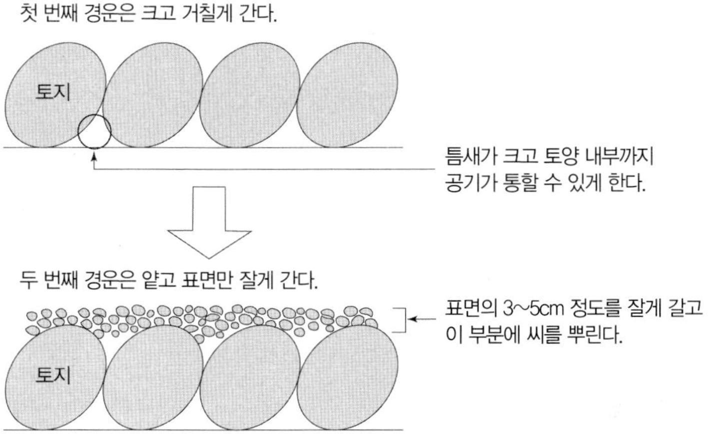

식이 힘듭니다. 그래서 〈그림 5〉와 같이 한 번 될 수 있는 한 크고 거칠게 간 후 표토(表土)만 얕고 잘게 갑니다. 잘게 가는 표토의 두께는 3~5cm 정도로 충분합니다. 이 부분을 이용하여 씨를 뿌리고 모종을 심도록 합니다.

경운에 대해서 한 가지 더 말씀드립니다.

트랙터를 이용한 심토파쇄(心土破碎)는 매년 실시합니다. 플라우경은 매년 실시할 필요는 없고 오히려 5~10년에 한 번 정도에 그치는 것이 중요합니다.

그 이유는 심토파쇄나 플라우경의 목적은 토양을 팽연(膨軟)하게 하여 물 빠짐을 좋게 하는 데 목적이 있으나 또한 이것을 실시하면 〈그림 6〉과 같이 토양의 대략적인 구조까지 파괴해 버리기 때문입니다.

경운하는 토지의 토양은 표면이 비옥하고 하부층일수록 기름지지 못합니다. 다시 말하면 표토 가까운 부분에는 미생물이 풍부하여 활발하게 활동하는 비옥한 환경이지만 하부의 흙은 그렇지 못하고 척박합니다. 심토파쇄나 플라우경에서는 양자가 반전해 버리고 척박한 흙이 표면에 나와버리기 때문에 작물이 잘 자라기 힘듭니다.

토양은 표면에 가까운 부분부터 서서히 개선되어 갑니다. 그러므로 토양의 구조를 파괴할 정도의 대대적인 경운은 5~10년 간격

〈그림 6〉 플라우경 · 심토파쇄는 토양의 구조를 바꾼다

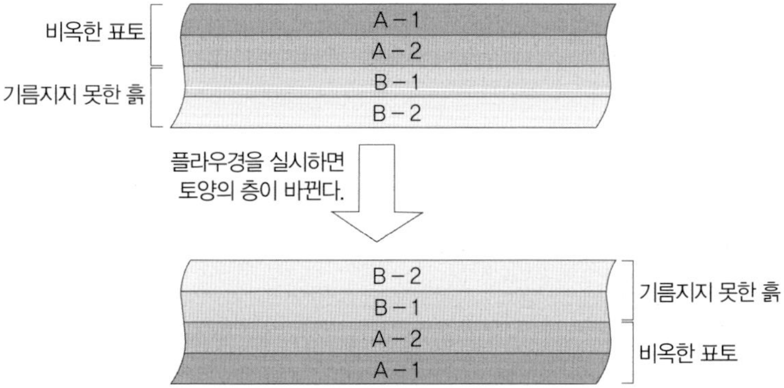

※ 비옥한 흙이 심부에, 기름지지 못한 흙이 표면에 나오므로 5~10년에 한번 심경(深耕)을 실시하는 것이 적당.

을 두고 실시하는 것이 현명하다고 할 수 있습니다.

콩과식물의 적극적 이용으로 질소를 공급

비료나 퇴비를 사용하지 않고 어떻게 토양에 질소를 공급할 수 있을까요? 자연재배에서는 이것이 하나의 큰 테마입니다. 논의 쌀 재배는 수확 후의 볏짚을 풍화시켜 이용하였습니다만, 야채재배에서는 사과와 마찬가지로 콩과식물의 힘을 빌립니다.

콩과식물은 뿌리혹박테리아와 공생관계에 있으며 뿌리혹박테리아는 공기 중의 질소를 고정화하는 능력을 갖고 있기 때문에 이것을 심어줌으로써 땅속에 질소분을 공급할 수 있습니다. 다만 같은 콩과라도 품종에 따라 뿌리혹박테리아가 활발하게 활동하는

휴경지(休耕地)에는 콩과식물을 파종하여 지력의 회복을 촉진시킨다.

토마토의 모종과 함께 대두를 심고 질소를 보급한다.

자연재배 감자밭. 잎의 색깔이 연하고 자연스러운 것이 특징이다.

〈그림 7〉 대두의 파종방법(대가족법)

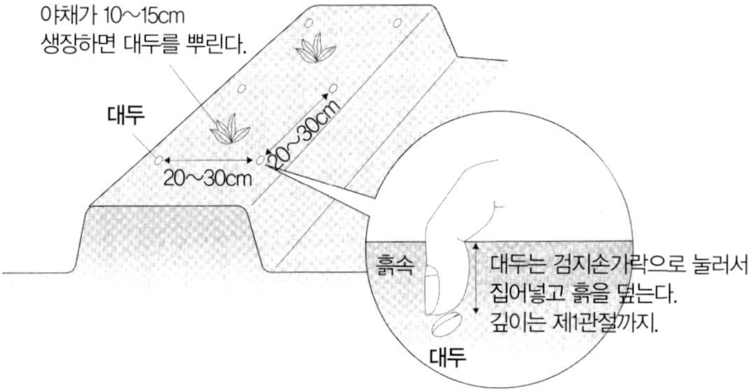

것과 그렇지 않은 것이 있기 때문에 주의가 필요합니다.

예를 들어 검정콩 같은 것은 건조지에서도 습지에서도 잘 자라기 때문에 장소를 따질 필요가 없는 콩과식물로, 지하부의 뿌리혹박테리아는 극히 적어 질소 공급에 큰 역할을 하지 않습니다.

여기에서 제가 사과재배에 이용한 대두와 목초나 녹비(綠肥)로 사용되고 있는 헤어리벳치에 대해 설명하겠습니다.

대두의 파종방법은 두 가지입니다. 우선 제가 '대가족법'(〈그림 7〉)이라고 부르는 방법입니다만, 이 방법은 야채가 10~15cm 정도 생육한 후에 실시합니다.

야채와 같은 밭이랑에 야채 양쪽에 20~30cm 간격으로 대두를 한 알씩 놓고 검지손가락으로 제1관절 정도의 깊이까지 흙에 집어넣고 흙을 덮습니다. 대두는 어느 정도 건조한 것을 좋아하는 작물이기 때문에 덮는 흙은 어디까지나 손가락 제1관절 정도(2cm 정도)로 가볍게 하는 것이 중요합니다.

다음으로 '핵가족법'(〈그림 8〉)이라고 부르는 방법입니다. 이것은 통로를 끼고 야채 이랑과 대두 이랑을 서로 번갈아가며 만드는 방법입니다.

대두의 간격은 '대가족법'과 마찬가지로 20~30cm입니다. 흙속에 집어넣는 깊이도 마찬가지입니다. 풋콩을 수확하기에는 이 방

〈그림 8〉 대두의 파종방법(핵가족법)

야채 이랑 옆에 대두 이랑을 하나 만든다.

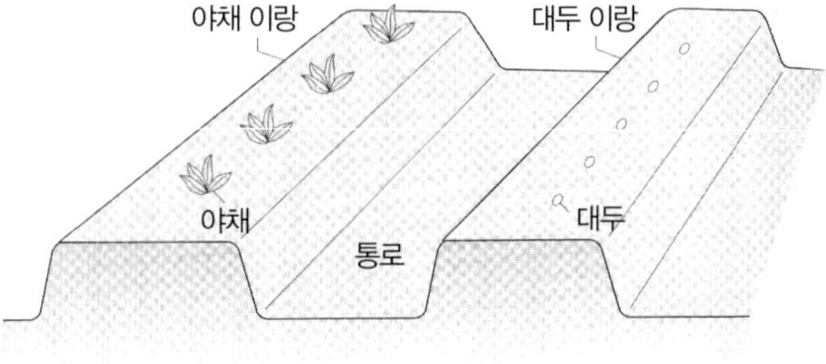

법이 더 알맞을 것입니다.

풋콩의 수확은 근립이 붙은 뿌리를 그대로 놔둔 채 지상부만을 자르도록 합니다. 흙속에 남은 근립은 뿌리혹박테리아의 서식처이기 때문에 토양에게는 아주 중요한 질소보급원이 됩니다.

또 풋콩을 수확한 후 그대로 대두와 대두 사이에 무를 심으면 매우 좋은 결과를 얻을 수 있습니다. 무는 5년 정도 연작하여도 괜찮습니다.

헤어리벳치는 야생초인 자운영과 아주 닮은 콩과(科) 누에콩속(屬)에 속한 식물입니다. 메이지시대에 목초로 도입되어 오늘날 '마메스케'(마메는 일본말로 콩을 뜻하며, 스케는 꾸러기라는 뜻이 있습니다. 사랑스러운 상품명인데 그만큼 일본 농가에서 애용되고 있는 듯합니다) 같은 상품명으로 잡초억제 효과도 있는 녹비로 이용되고 있습니다.

뿌리혹박테리아의 작용은 대두보다도 강하나 덩굴성식물이므로 작물에 따라서는 생장을 저해하는 일이 있으므로 주의가 필요합니다.

예를 들어 키가 낮은 야채(엽채류)와 함께 같이 심으면 야채를 덮어버리고 동시에 수확 시에는 여간 번거로운 일이 아닙니다. 또 토마토 등도 덩굴에 감겨서 생장이 저해받을 우려가 있습니다. 이에 비해 감자 등의 근채류, 과수 등에는 아주 좋습니다.

파종은 역시 심은 야채가 10cm 정도의 키가 됐을 때 30cm 정도 떨어진 양쪽 편에 하고 아주 가볍게 흙을 덮습니다. 종자는 채종(菜種)보다 조금 클 정도이며 작은 알갱이이므로 작은 가지 같은 것으로 홈을 파서 거기에 따로따로 흩어 뿌려주듯이 심으면 효율적입니다. 헤어리벳치는 생장이 빨라서 봄에 뿌리면 여름에 시들기 때문에 1년에 두 번 파종하도록 합니다.

또 녹비작물로 귀리를 이용할 경우 귀리 10에 대해 헤어리벳치 3의 비율로 종자를 혼합하여 파종하면 좋은 결과를 얻을 수 있을 것 같습니다.

콩과식물의 이용은 앞의 사과 자연재배에서 자세히 설명했듯이 질소과다를 피하기 위해 장기간 연속해서 실시하지 않도록 합니다. 근립이 붙는 상태를 확인해 가면서(30개 붙어 있으면 이듬해도 파종, 10개 이하이면 중지한다) 3년간 계속했다면 2년 쉬는 사이클을 기준으로 합니다.

작물별 묘 정식법

〈토마토 · 방울토마토 · 양파〉

원산지는 토마토가 남미의 안데스 지방, 양파는 중앙아시아이며 이집트 등에서도 재배되고 있었던 것처럼 이 작물들은 건조한 곳을 좋아하는 야채입니다. 따라서 되도록 물이 잘 빠지고 건조 상태를 유지할 수 있는 토양환경을 갖추어주는 것이 무엇보다 중요합니다.

구체적으로는 밭이랑을 최저 20cm 이상의 높이로 해주고 거기에 모종을 정식(定植)하도록 합니다(〈그림 9〉). 비가 많은 지방이나 물이 잘 빠지지 않는 토양에서 재배할 경우는 30~40cm로 보다 더 높은 밭이랑에 정식하는 것이 좋습니다. 이 높이를 확보해 두면 아무리 장마철에 비가 계속 내린다고 해도 수분은 아래쪽으로 빠지고 뿌리가 썩는 것을 막을 수 있습니다.

밭이랑의 폭은 1그루 심을 때 30~50cm, 그리고 밭이랑의 간격

〈그림 9〉 토마토 · 방울토마토 · 양파 등의 묘 정식 방법

야채는 건조한 것을 좋아하므로 되도록 높은 이랑(최저 20cm 이상)을 한다.

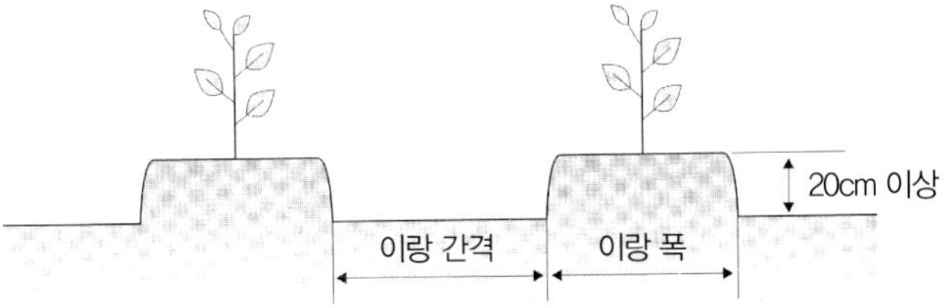

이랑 간격	이랑 폭
토마토 : 80~100cm 방울토마토 : 60cm 양파 : 15cm	토마토 : 30~50cm(1그루 심기) 방울토마토 : 30~50cm(1그루 심기)

은 토마토는 80~100cm, 방울토마토는 60cm, 양파는 15cm가 기준입니다.

또 토마토는 매우 강한 야채입니다만 모종을 정식할 때 조금만 연구하면 보다 튼튼하게 생장하여 큰 열매를 수확할 수 있습니다. 제가 전국의 생산자들에게 권하고 있는 것은 모종의 줄기를 '뿌리'로 사용하는 '옆으로 심는 법'입니다(〈그림 10〉).

우선 토마토의 포트 모종의 선단부분의 3~4장만 남기고 나머지 잎을(꽃이 피어 있으면 이것도) 잘라 없애줍니다. 다음으로 밭이랑에 포트부분이 안 보일 정도로 구멍을 파서 모종을 옆으로 눕힌 상태로 심습니다.

〈그림 10〉 토마토 모종 옆으로 심는 방법

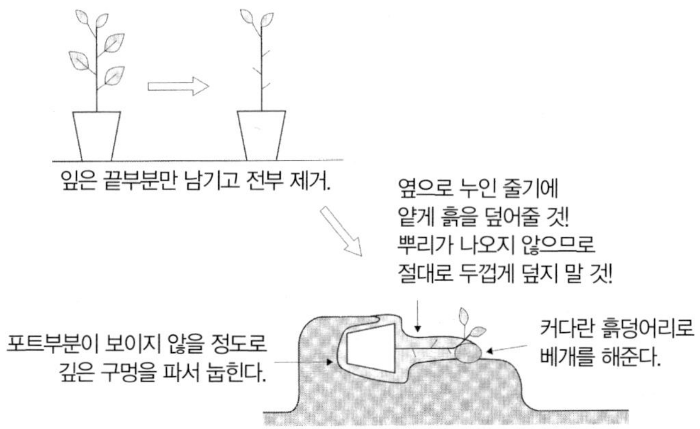

이때 옆으로 눕힌 줄기의 부분에도 1~2cm 정도 가볍게 흙을 덮습니다. 그리고 선단부분의 잎이 흙에 묻히지 않게 흙덩어리 같은 것으로 베개를 해줍니다. 그 후에는 모종 1그루당 2개 정도의 대두를 뿌려주면 됩니다.

이렇게 정식하게 되면 선단부분은 다음날 위를 향해 자라기 시작하며 흙을 덮어준 줄기부분에서 다량의 뿌리가 나오기 시작합니다. 포트부분의 뿌리는 죽어버리게 되지만 줄기에서 나온 새로운 힘센 뿌리가 얼마 안 있어 튼튼히 작용을 해줍니다.

주의해야 할 것은 줄기를 덮는 흙은 아주 얕게 하는 것인데 두껍게 흙을 덮어주면 선단의 베개로 한 부분에서만 뿌리를 내립니다. 게다가 선단부의 잎이 지면에 닿으면 벌레에 먹히기 쉽고 썩기 쉬워지므로 베개는 반드시 해주어야 합니다.

또 토마토는 건조한 것을 좋아하므로 물을 줄 필요는 없습니다. 많은 열매를 맺기 때문에 지주(支柱)는 최저 3자루 정도로 여러 개 세워주는 것도 중요합니다. 또한 줄기의 생장을 촉진하기 위하여 옆에서 나오는 지엽과 맨 처음 핀 꽃은 모두 따주는 것이 좋습니다.

〈옥수수 · 무 · 호박〉

이러한 작물들은 기후적으로 너무 건조하거나 너무 습하지 않은 중간지대가 원산지인 야채입니다.

이랑의 높이는 15cm 정도로 낮아도 좋습니다. 이랑 폭은 옥수수 1그루 심기에서 30~50cm, 2그루 심기에서 90~100cm, 무는

〈그림 11〉 옥수수 · 무 · 호박 등의 묘 정식 방법

기후적으로는 중간지대의 작물. 이랑의 높이는 낮게 한다.

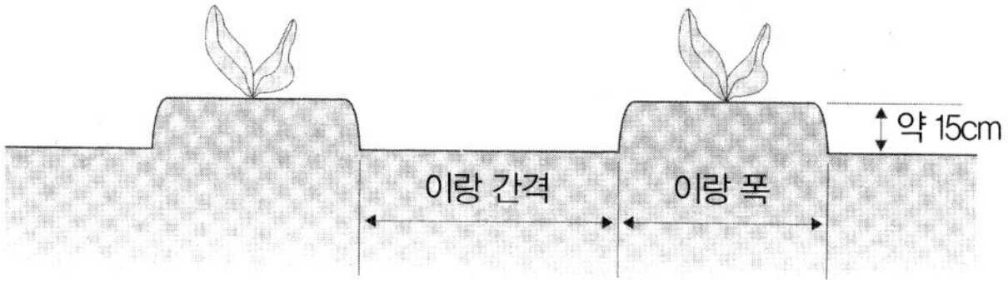

이랑 간격	이랑 폭
옥수수 : 30cm 무 : 50cm 호박 : 1~1.5m	옥수수 : 1그루 심기 : 30~50cm 2그루 심기 : 90~100cm 무 : 30~50cm

30~50cm가 좋습니다. 이랑과 이랑의 간격은 옥수수가 30cm, 무가 50cm, 호박은 1~1.5m 정도이면 좋습니다.

그밖에 당근, 보리 등도 중간지대의 작물이므로 모종 심는 방법은 이것과 같은 방법으로 합니다.

〈오이 · 가지 · 피망〉

남아시아·동남아시아를 원산지로 하는 이 야채들은 건조한 것을 좋아하면서도 많은 수분을 필요로 하는 조금 특수한 작물이므로 모종을 심을 때도 주의가 필요합니다.

이랑의 높이는 15cm 정도로 합니다만, 이것보다 다소 높아도 낮아도 상관은 없습니다. 포트 모종을 둘 구멍은 포트부분의 직경보다 조금 크게, 깊이는 포트와 같을 정도로 팝니다. 그리고 모종을 구멍에 놓은 다음 흙을 덮어주는데 포트 상부가 2~3cm 나올 정도로 합니다.

이때 모종 주위에 2~3cm 정도의 홈이 생기게 되는데 이 부분에 아침이슬이 고이게 되고 작물에 충분한 수분을 보급하게 됩니다. 흙속에 묻은 포트 하부의 뿌리는 죽어가지만 대신에 포트 상부에서 새로운 힘센 뿌리가 자라게 됩니다.

정식 후에는 3~4일에 한 번 뿌리 가까이에 물을 줍니다. 이때 잎에 물이 묻으면 병에 걸리기 쉬워지므로 주의가 필요합니다.

오이의 순은 12마디까지는 줄기를 붙이지 않고 16마디까지를 어미줄기로 하고 그 이후는 아들줄기로 그대로 자라도록 합니다. 또 순은 항상 위를 향해서 자라도록 하고 절대로 아래를 향하게 하지 않습니다. 아래쪽으로 향하게 하면 병에 걸리기 쉬워집니다. 수확하기 편하도록 1.6m 정도의 높이가 되면 옆 방향으로 자라도록 해줍니다.

오이나 가지는 위조병, 흰가루병에 걸리기 쉽지만, 위와 같은 방법으로 하면 상당히 개선될 것입니다. 또 갈색반점병이 생겼을 경우는 식초를 300배 정도로 희석하여 살포하면 좋습니다.

〈그림 12〉 오이 · 가지 · 피망 등의 묘 정식 방법

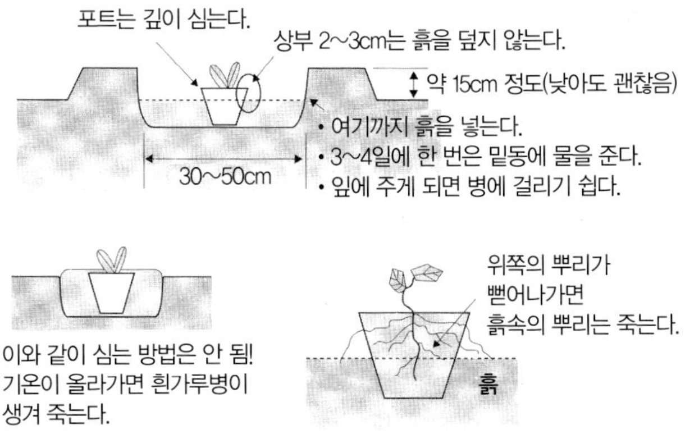

〈셀러리 · 꽈리고추〉

셀러리는 셀리과의 식물로 수분을 필요로 하는 야채입니다. 또 꽈리고추는 가지과(科) 고추속(屬)에 속합니다. 고추 자체는 건조에 강한 멕시코나 안데스 지방이 원산지이지만 꽈리고추의 경우 수분이 부족하면 매운맛이 생기게 되므로 이것도 많은 수분을 필요로 하는 작물이라고 할 수 있습니다.

셀러리의 정식은 이랑 높이 15cm 정도, 이랑의 상부는 5cm 정도 들어가게 해서 모종에 수분이 잘 공급되도록 합니다.

꽈리고추의 경우는 이랑을 만들지 않고 낮은 곳에 정식하면 매운 열매를 맺기 어렵게 됩니다.

〈멜론〉

북아프리카나 중근동(中近東 : 중동과 근동을 아울러 이르는 말. 리비아에서 아프가니스탄까지의 북아프리카와 서아시아를 가리킨다)의 사막지대가 원산지인 멜론은 건조한 것을 좋아하고 비·수분을 싫어하는 작물입니다. 일본에서는 사막과 같은 환경을 찾는 것은 무리입니다만, 조금만 신경 써서 정식하면 사막과 비슷한 조건을 갖추어주는 것도 가능합니다.

또 멜론은 그대로 지면에 눕혀서 재배하면 과피(果皮)가 찢어지고 썩어버리며 덩굴쪼김병에 걸리기 쉬워지기 때문에 이것을 피하기 위해서는 지주를 세워서 과실을 매달아 재배하는 것이 일반적인 방법이지만, 제 방법은 그대로 밭에 눕혀놓고 키웁니다. 그리고 한 그루에서 많은 열매를 얻는 다수확을 목표로 합니다. 각각의 과실은 한 그루에서 1~2개밖에 열매를 얻지 못하는 방법과 비교하면 약간 작지만 맛은 다를 바 없습니다.

멜론에 적합하게 물이 잘 빠지도록 하려면 역시 높은 이랑이 필요합니다. 이랑의 높이는 20cm 이상, 적어도 30cm는 필요합니다.

그리고 모종을 심을 때는 포트부분의 2분의 1 이상이 지표에 나오도록 합니다. 흙을 덮는 것은 포트부가 흙에 묻혀 있는 가장자리 부분만입니다. 이것은 포트가 넘어지지 않도록 하는 지지대의 의

〈그림 13〉 멜론의 묘 정식 방법

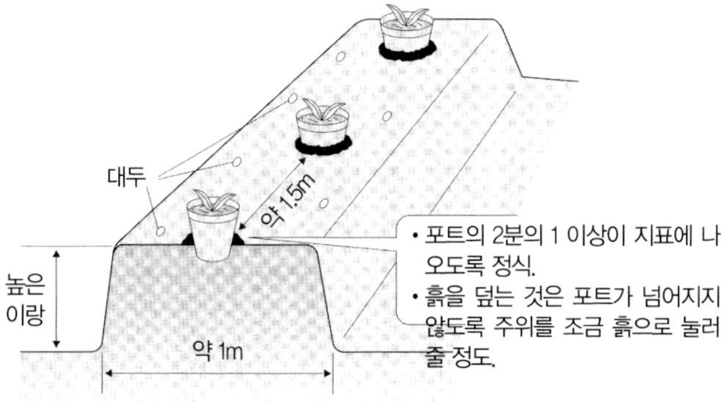

미로 덮어주는 것입니다.

멜론의 모종은 포트 전체를 흙에 묻으면 새로운 뿌리가 나왔을 때 바닥 쪽의 뿌리가 썩어서 병에 걸리기 쉬워집니다. 이렇게 높은 이랑에 포트 모종을 얕게 심어주어 항상 건조한 상태의 환경을 만들어주고 뿌리 썩음을 방지하고 있습니다.

정식 후에는 질소를 많이 요구하는 멜론이기 때문에 1그루당 2~4개의 대두를 20cm 정도 떨어져서 뿌려주면 됩니다. 물론 물은 일절 주지 않도록 합니다.

다량수확을 위한 작업은 다음과 같습니다. 이 재배법은 1그루의 모종에서 3개의 가지를 뻗게 하고 각각의 가지를 규칙적으로 순지르기(초목의 곁순을 잘라내는 일)를 해가며 자라게 하는 것입니다.

〈그림 14〉 멜론을 많이 수확하기 위한 순지르기법

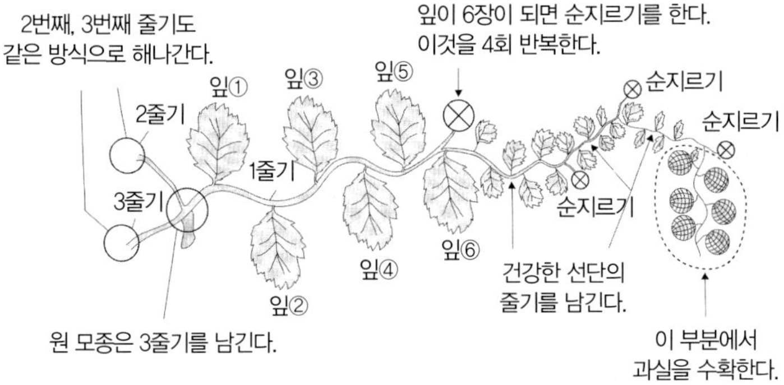

우선 가지에 잎이 6장이 되면 순지르기를 하고 가장 튼튼한 앞쪽 가지를 남기고 다른 가지를 잘라줍니다. 남은 가지의 잎이 6장이 되면 똑같이 순지르기를 하여 가지 하나만을 남깁니다. 이것을 4회 반복하고 다섯 번째로 자란 가지에서 열매를 맺게 하여 수확합니다. 이 방법으로 재배하면 하나의 모종에서 수십 개의 멜론을 수확하는 것도 꿈만은 아닙니다.

가축분뇨는 완숙퇴비로 만든다

수차례 반복하여 말씀드리지만, 농약은 물론 비료나 퇴비도 필요로 하지 않는 것이 제가 하고 있는 자연재배의 큰 전제입니다. 그러나 가축농가에서는 매일 배설되는 분뇨처리는 피할 수 없는 매우 중요한 문제입니다.

축산이 왕성한 유럽에서는 분뇨를 발효처리한 후 채초지(採草地 : 가축의 사료나 거름 따위로 쓸 풀을 베어내는 땅)에 환원했다는 이야기도 들었습니다.

이것이 원인이 돼서 흙속의 질산태질소 잔류량이 많아지고 지하수와 한데 섞이어 결과적으로 아기를 죽음에 이르게 했던 사건이 일어났다고 하지만, 문제가 된 것은 채초지에 환원된 분뇨의 발효 상태였던 것이 아닌가 생각됩니다. 다시 말해서 미완숙한 상태에서 흙으로 환원했기 때문에 질산태질소의 농도가 높아진 것이 아닌가 생각합니다.

이상적인 분뇨처리를 생각할 때 도움이 되는 사례가 일본에 있습니다. 자연방목낙농으로 유명한 홋카이도의 사이토 목장입니다. 그리고 이와테현의 (주)나카하라 목장입니다.

저는 나카하라 목장 대표인 나카하라 타다시 씨와는 20년이 되는 오랜 친구입니다. 그의 사육방법은 그야말로 낙농의 원점이라고 말할 수 있는 것으로서 이것이야말로 차세대에게 물려주어야 할 사육기술이라고 생각합니다.

나카하라 씨의 자연방목낙농은 기본적으로는 수입 사료를 일절 사용하지 않고 주년(周年)방목(1년 내내 시행하는 방목)입니다. 게다가 1ha당 사육두수가 1두라는 사육법입니다.

배설된 분뇨는 그대로 자연풍화로 숲의 부엽토처럼 완숙퇴비화되고 그것을 모아서 산에 집어넣든가 그대로 목초지에 환원하는 것뿐입니다. 사육밀도는 역시 중요해서 나카하라 씨는 1ha당 소 2마리가 사육하는 데 적당하다고 합니다.

사육밀도에 관해서는 목장의 넓이나 낙농·축산가가 각각 무엇을 우선하는가에 따라 달라지지만 분뇨처리에 있어서는 가능한 한 발효를 촉진하고 퇴비를 완숙시키는 것이 바람직합니다.

완숙퇴비는 냄새도 거의 없습니다. 자연재배에서는 퇴비를 사용하지 않지만 이러한 가축분뇨의 퇴비를 이용한 유기농법으로 재배할 경우도 역시 퇴비의 완숙화에 신경을 써주셨으면 합니다.

Part
7

친환경 자연재배로 만난 사람들

친환경 자연재배로 만난 사람들

유통에서 자연재배를 키워나가는 사람들

(유)내추럴 · 하모니 대표인 가와나 히데오 씨가 처음 저의 사과밭을 방문한 것은 2000년경이었다고 생각합니다.

내추럴 · 하모니는 자연재배의 농산물 등 안전성이 높은 건강에 좋은 식품 · 식재를 전문적으로 다루는 유통회사입니다. 소매점이나 레스토랑에 납품할 뿐만 아니라 직영점에서의 판매, 자사에서 취급하는 식품을 사용한 레스토랑의 경영과 안전한 먹거리를 고집하는 사업을 다각적으로 전개하고 있습니다.

가와나 씨가 제게 흥미를 갖게 된 것은 언젠가 도쿄에서 전시회가 있었는데, 그곳에 내놓았던 제 사과를 먹은 것이 계기였다고 합니다.

"부하 직원이 무농약 사과를 판다고 해서 사왔는데 실례이기는 하지만 처음에는 믿지 않았습니다. 저도 야채를 취급한 지 20년입니다만, 사과를 무농약으로 재배하는 것에 대한 어려움을 알고 있습니다. 그런 사과가 있을 리가 없지요. '실제로는 그렇지 않으면서 무농약이라고 속이는 경우가 있지'하고 생각하며 먹어 보았는데, 눈 깜짝할 사이에 속까지 다 먹어 버렸습니다. 맛있다, 달다는 차원이 아니라 세포에 침투해 들어가는 듯한 느낌, 우리가 찾아 헤맸던 무비료의 야채와 같은 인상이었습니다. 저도 먹거리의 프로이기 때문에 유기농이나 감농약으로 만든 것과는 확연하게 다르다는 것을 알았습니다. 상당히 생명력이 있는 사과라고 생각하며 꼭 한 번 만든 사람을 만나야겠다"고 해서 저를 방문했던 것입니다.

가와나 씨는 젊은 시절에 누님을 암으로 잃었다고 합니다. 그리고 긴 투병으로 고생하는 누님의 모습을 보고 질병과 고통이 없는 인생을 생각하게 되었으며, 사람의 몸을 만드는 먹거리에 대해 다시 생각하게 되어 정말 몸에 좋은 것을 소비자에게 제공하고자 현재 회사를 창업하게 된 사람입니다.

물론 농산물에 관해서도 조예가 깊고 일찍이 질산태질소의 위험성이나 무비료·무농약의 자연재배의 가능성에 대해서 확실한 인식을 갖고 있었습니다.

제가 사과재배에 농약뿐만 아니라 비료·퇴비 같은 것을 사용하지 않는다는 것을 말씀드렸더니 가와나 씨도 즉시 납득했습니다. 농업과 유통업, 입장의 차이는 있습니다만 안전하며 건강에 좋은 먹거리를 목표로 하여 자연재배에 이르게 된 점에서 가와나 씨와 저는 같다고 할 수 있습니다.

우리는 그 후로 서로 의기투합하여 비료의 피해나 자연에서 배운 것을 기본으로 하는 재배법에 대해서 시간이 가는 줄도 모르고 얘기를 나눴습니다.

그 결과 제가 만든 사과나 사과주스(내추럴·하모니의 상품명 '기무라 씨의 사과주스')를 내추럴·하모니를 통해 판매하는 비즈니스가 이루어졌을 뿐만 아니라 둘이서 자연재배를 널리 알리고, 거창하게 말한다면 "일본의 농업을 바꾸자!"라고 하게 되었습니다.

내추럴·하모니 대표 가와나 히데오 씨.

도쿄의 세타가야구에 있는 내추럴 · 하모니 직매점.

저자가 만든 사과를 원료로 하는 '기무라 씨의 사과주스'는 인기상품.

가와나 씨는 그 전부터도 유통업자로서 안전한 먹거리를 확보하기 위해 생산현장에 발이 닳도록 다니면서 농가에게 자연재배를 할 것을 권유했다고 합니다.

그런데 비료를 사용하지 않는 농법을 아무리 말해도 믿어주지 않는 경우가 많았다고 합니다.

하지만 같은 생산자인 제가 실제 예를 보여주고 기술적인 것을 제안해 줄 수만 있다면 많은 사람들이 자연재배에 대해 납득해 주지 않을까요? 저로서도 이 재배법에 자신을 갖고 있으며 세상에

좀더 널리 알릴 수 있기를 희망하고 있었습니다.

다만 생산자는 아무리 좋은 것을 만들어도 적당한 판로를 찾지 못하면 경영이 안 됩니다. 그런 저로서는 도저히 할 수 없는 분야를 내추럴·하모니가 담당해 줍니다. 양자가 서로 손을 잡음으로써 자연재배를 보급해 나가는 것이 가능할 수도 있지 않을까 생각합니다.

그런 이유로 '예술자연재배연구회'(회장이 저이고, 가와나 씨가 사무국장. 회원은 생산자, 소비자를 합하여 50명 정도)라는 조직을 만들고 두 사람이 생산지를 돌면서 전국순회를 시작하게 되었습니다.

덕분에 저는 사과와 소량의 쌀을 재배하는 것 이외에 다른 작물에는 손을 댈 수가 없게 됐습니다만, 자연재배를 보급해가는 동료인 가와나 씨와의 활동은 매우 충실감이 넘칩니다. 제게는 하나의 생산자와 유통업자의 관계를 넘어서 정말 없어서는 안 될 파트너입니다.

의사도 인정하는 자연재배

가나가와현 후지사와시에서 호스멕 클리닉을 운영하고 있는 의

학박사 미요시 모토하루 씨는 베스트셀러가 된《사면 안 된다》의 저자인 한 사람으로 알려진 의사(임상환경의)입니다.

미요시 씨에게는 앞에서 이야기한 예술자연재배연구회의 고문을 부탁하고 있습니다만, 저와의 만남은 내추럴·하모니의 가와나 씨를 통해서가 아니라 가와나 씨의 경우와 마찬가지로 제가 만든 사과가 계기였던 것 같습니다.

의사라는 전문가 입장에서 시판되고 있는 식품에 숨어 있는 위험성을 주제로 오랫동안 연구를 해온 미요시 씨는 어떤 잡지에서 저의 사과재배에 관한 기사를 읽었다고 합니다. 그리고 사과의 무농약·무비료라는 것은 신기하다고 생각하며 주문을 한 것이 시작이었습니다.

미요시 씨에 따르면 농작물은 그 재배법에 따라 사람의 신체에 주는 영향이 크게 다르다고 합니다.

"저는 자연재배와 유기농법이나 관행농법과의 차이에 대해 환자들을 통해 많이 가르침을 받습니다. 20년 전쯤입니다만, 73세의 남성으로 위암 말기인 환자가 계셨는데 그분은 농약이나 화학비료를 사용하는 관행농법의 쌀을 먹으면 금방 토해버립니다. 농약의 영향인가 해서 무농약인 유기농법으로 만든 쌀을 먹어도 소용이 없었고 결국 같은 무농약이라도 무비료 재배한 쌀만은 토하지 않고 먹을 수 있었습니다. 당시는 자연재배 농산물이 흔하지 않던 시절이어서 직접 농가를 방문해 쌀과 야채를 구해서 그것을 환자에게 먹였습니다. 건강한 사람이나 말기가 아닌 환자라면 그런 일은 없겠으나 그 후로도 암 등의 말기 환자에게서는 비슷한 증상의 예를 경험하고 있습니다. 기무라 씨의 사과나 사과주스도 그것밖에 먹을 수 없는 사람이 있기 때문에 주문한 것입니다."

미요시 씨에 의하면 수년 전부터 이것과 비슷한 증상을 화학물질과민증이나 알레르기 환자에게서 볼 수 있게 되었다고 합니다. 관행농법이나 유기농법의 농작물을 먹으면 두통, 어지럼증, 실신, 구토 등의 증상이 나타나며, 무비료 농작물에서는 증상이 나타나지 않는다고 합니다.

물론 환자는 어떻게 만들어진 작물인지 알고 먹는 것은 아닙니다. 또한 같은 무비료라도 비료를 주지 않은 기간이 3년 이내이면 안 되고 3년 이상이면 괜찮은 까다로운 환자도 있다고 합니다.

원인으로는 유기농법의 작물일 경우, 인증제도에서 인정되고 있는 농약이나 화학비료, 또 가축분뇨의 퇴비에 들어 있는 항생물질, 그리고 질산태질소 등을 들 수 있고 또 3년 이내의 자연재배일 경우는 흙속에 아직 남아 있는 이러한 유해물질들이 원인이라고 생각됩니다.

"그밖에 자가 채종이나 재래종의 작물은 먹을 수 있어도 인공교배한 F_1종자나 종자소독을 한 작물은 안 된다는 환자도 있습니다. 종자소독으로 잔류하는 유해물질 등이 약 1조분의 1로, 비유컨대 50m 풀장에 각설탕 1개를 넣을 정도의 극히 미량의 농도인 데도 화학물질과민증인 사람은 민감하게 반응하는 일이 있습니다. 이러한 현상의 관계를 이론적 · 과학적으로 증명하려고 하면 실은 매우 어렵습니다. 그러나 환자들에게는 먹을 수 있는지 없는지 단순하면서도 명백한 차이가 있습니다. 저는 무농약·무비료의 자연재배 농작물에는 의학이나 영양학으로는 아직 해명할 수 없는 불가사의한 생명력이 있다는 것을 실감하고 있습니다."

미요시 씨의 귀중한 연구는 오늘날의 농업 · 식생활에 경종을 울리는 것입니다. 동시에 제게는 이 재배법에 대한 자신감을 더해주고 세상에 널리 보급해야 하는 의의를 재확인시켜 주는 것입니다.

세계 자연유산 시라카미 산지와 사과밭의 공통점

왜 무농약·무비료의 재배는 해충이나 질병을 가까이 오지 않게 하면서 농작물을 키울 수 있는 것일까요? 농업경영자들에게는 때로는 이유나 과정이 어떠하든, 또 왜 그렇게 되는지 몰라도 결과가 좋으면 그것으로 된다고 생각을 합니다.

그러나 당장 당면한 결과는 좋아도 논이나 밭의 상태는 해마다 변화하며 기후도 일정하지는 않습니다. 게다가 장소가 다르기 때문에 잘 되지 않는다거나 대처법도 모른다고 한다면 그것은 '해답'이 아닙니다. 다시 말해서 확립된 기술이라고 할 수 없습니다.

저는 여러 차례 실천을 거듭하면서 항상 원인과 결과를 파악하려고 고투하였습니다. 그리고 예를 들어 '왜 비료를 주지 않으면 벌레가 다가오지 않는가? 왜 대두의 뿌리혹박테리아에 의한 질소고정이 효과적인가?' 등등 제 나름대로 논리를 세워서 하나씩 '해답'을 찾아나갔다고 생각합니다.

다만 박테리아나 균류 같은 미생물의 작용 등 실제로 눈으로 보고 확인할 수 없는 것도 많고 그러한 해답이 저의 착각이나 독선일 수도 있습니다.

재배가 잘 되어간 것이 우연한 것이 아니라는 것을 제 나름대로의 해석이 아니고 학술적으로도 입증할 수만 있다면 더 바랄 것이 없습니다. 이 점에 대해서 히로사키대학 농학생명과학부 생물생산과학과의 스기야마 슈이치 교수의 연구는 저의 자연재배를 크게 뒷받침해 주는 것이라고 할 수 있습니다.

스기야마 씨와 친분을 갖게 된 것은 이럭저럭 5년 정도됩니다. 저의 사과밭에서 개최한 자연재배 견학회에 참가하신 것이 시작입니다.

설명회가 끝난 후 스기야마 씨가 무농약·무비료로 계속 사과재배가 되고 있는 저의 밭과 수천 년에 걸쳐 너도밤나무의 원생림으로 독자적인 생태계를 유지하고 있는 시라카미 산지(세계 자연유산)를 비교연구하고 싶다고 하시기에 기쁘게 협력해 드릴 것을 약속했던 것입니다.

농학생명과학부는 당시 새로 생긴 학부였습니다. '생명만이 갖는 자원재생능력의 이용이나 생물적 기능의 다각적 기능'을 적극적으로 이용하여 '자연과 인간의 조화를 이루는 발전을 도모'하기 위한 농학 및 생명과학의 연구·교육을 목적으로 하는 새로운 학부입니다. 더 구체적으로 말하자면 자연계의 생명 순환의 구조를 밝혀 그것을 친환경적인 농업으로 살린다는 주제도 있어 이것은 그야말로 제가 목표로 하는 자연재배가 추구하는 것과 일치하는 것입니다.

그 후로 스기야마 씨는 학생들을 인솔하여 자주 저의 사과밭에 방문하고 때로는 토양이나 잎 샘플 등을 채종하고 연구를 진행하였습니다. 이러한 학술적인 연구는 방대한 데이터를 수집하여 여러 가지 각도에서 추론을 세우고 하나씩 하나씩 검증해 나가야 하기 때문에 저의 사과밭의 상세한 것이 판명되기까지는 더 시간이 필요하다고 봅니다.

다만 서두에서 소개했던 것처럼 비료를 주지 않았음에도 불구하

사과밭에서 조사 중인 나무 중 1그루. 표시가 되어 있음.

히로사키대학 농학생명과학부 스기야마 슈이치 교수.

히로사키대학 농학생명과학부 정면 입구.

고 토양 속의 가급태질소량이 관행농법의 밭보다도 많은 것이나 잎의 내부에서 어떤 균사가 활성화하고 있다는 것 등 흥미로운 사실이 조금씩 밝혀지고 있습니다.

과연 세계 자연유산인 숲의 생태계와 자연재배 사과밭은 어떤 공통점이 또는 차이점이 있는지, 나아가 보다 나은 자연재배를 하기 위한 힌트가 될 만한 사실이 밝혀질지 이후로도 스기야마 씨의 연구에서 눈을 뗄 수가 없습니다.

일류 요리사도 반한 '기적의 사과'

히로사키를 대표하는 프렌치 레스토랑으로, 전국의 미식가들이 다닌다는 유명한 '레스토랑 야마자키'의 인기 메뉴에 사과를 이용한 수프가 있습니다. 수프의 이름은 '기무라 아키노리 씨의 자연농법재배 사과냉수프'입니다.

점장 겸 주방장인 야마자키 다카시 씨에게서 갑자기 '만나고 싶다'는 전화가 걸려온 것이 벌써 20년 전의 일입니다. 농업의 안전성에 관한 신문기사를 읽고 저를 알게 되었으며, 신문사에 전화해서 저의 연락처를 알게 되었다고 합니다.

"기무라 씨를 만나서 그 사과를 만든 얘기를 들었을 때 깊은 감명을 받았습니다. 저의 집안도 농업을 하기 때문에 기무라 씨의 말을 듣고 실제로 밭을 보자 어느 정도의 농업인지를 알 수 있었습니다. 지금까지 만나왔던 사람과는 달랐습니다. 이 사람의 사과로 요리를 만들고 싶다고 생각했습니다"라고 자신의 이야기를 해주었습니다.

야마자키 씨는 본고장 프랑스에서 요리를 배우고 고향인 히로사키로 돌아와 그 당시 있었던 호텔 홋케클럽 레스토랑에서 주방장을 했습니다.

프랑스요리에는 특별요리라는 것이 있어야 한다고 하는데, 그것은 그 주방장이나 그 가게를 나타내는 독자적인 메뉴를 말하는 것 같습니다. 그런데 야마자키 씨는 아직 자신의 특별요리를 만들어 내지 않고 있었다고 합니다.

자신의 요리를 확립하려고 모색하면서 머리에 떠오른 것이 이 히로사키에서만 할 수 있는 것, 그것은 사과라는 생각이 들었고 그러나 평범한 사과는 재미없다고 하여 생각해낸 것이 무농약·무비료의 자연재배로 만든 저의 사과였다고 합니다.

20년 전의 일이라 세상은 아직 농업의 안전성에 대한 관심도 낮고 게다가 당시의 저의 사과는 겨우 꽃이 피어 열매를 맺기 시작했을 무렵으로 크기도 각각 다르고 벌레에 먹힌 것도 있고 그야말로 볼품없는 상태였습니다.

더욱이 무농약·무비료라는 의의도 그다지 인식되지 않았고, 구매해 주시는 분은 병에 걸린 환자나 일부 먹거리에 까다로운 소비

히로사키시에 있는 프렌치 레스토랑 '레스토랑 야마자키'.

점장 겸 주방장인 야마자키 다카시 씨.

야마자키 주방장의 특별요리 '기무라 아키노리 씨의 자연농법재배 사과냉수프'.

자뿐이었습니다. 그래서 야마자키 씨의 제안은 정말 기쁘고 고마운 일이었습니다.

그런 과정을 거쳐 탄생한 것이 앞에서 말한 사과수프입니다. 사과의 자연스러운 단맛을 살린 절품(絶品)으로, 저 자신은 참으로 볼품없는 제 사과가 이렇게 훌륭한 요리로 변한 것에 그저 감탄할 뿐이었습니다.

"맛있고 안전하고 진짜 사과 본래의 맛이 나는 것은 물론입니다만, 기무라 씨의 사과의 매력은 따지고 보면 사람의 매력입니다. 기무라 씨가 전심전력을 다해 키운 사과를 사용한다는 의식을 항상 갖고 있습니다. 저는 생산자 여러분을 존경합니다. 아무리 요리 솜씨가 있어도 생산자를 넘어설 수는 없습니다. 식자재는 요리사가 솜씨로 커버할 수 있는 것이 아니라 소재가 맛있기 때문에 요리도 맛있어지는 것입니다"라고까지 말씀해 주셨습니다.

야마자키 씨는 홋케클럽 레스토랑 주방장 시절, 단순하게 사과 메뉴를 만든 것뿐만 아니라 히로사키 시내 요리사들을 불러모아 제 지도로 자연재배하는 생산자들의 작물을 식자재로 이용한 '꿈의 디너 쇼'라는 이벤트를 기획하는 등 저희들이 항상 고민하는 판로개척에도 힘써 주셨습니다. 정말 저는 이 감사를 어떻게 말로 표현해야 할지 모릅니다.

독립하여 자신의 가게를 갖게 된 후에는 더욱 자신만의 '특별요리'를 추구하고 보다 안전과 맛에 있어 까다롭게 엄선된 식자재를 이용한 메뉴로 많은 사람들에게 알려지면서 현재에 이르게 되었습니다.

또 야마자키 씨의 가게 이외에서 제 사과를 사용한 요리를 먹을 수 있는 프렌치 레스토랑으로, 도쿄의 시로가네다이에 있는 유명한 '쉐 이구치'가 있습니다. 우연히 제 사과를 먹어본 점장 겸 주방장인 이구치 히사가즈 씨가 '꼭 필요하다'고 직접 주문하셨습니다.

이구치 씨는 이전에 제 사과(쓰가루)를 구입했을 때인데 하나를 반으로 쪼갠 채 냉장고 위에 방치해 버렸던 적이 있었다고 합니다. 그런데 2년이 지나도 부패하지 않고 쪼글쪼글한 상태로 있는 것에 놀라 '기적의 사과'라고 생각하며 지속적으로 구매해 주시게 된 것입니다. 저도 그 사과를 봤습니다만 이 이야기는 히로사키대학 스기야마 교수가 제 사과밭을 찾게 된 계기도 되었다고 합니다.

재미있게도 우연이지만 이구치 씨와 야마자키 씨는 각자의 요리 수업 시절의 은사들끼리도 친구 사이라고 합니다. 아무튼 까다롭게 소재를 선택하는 일류 요리사들에게 자연재배 사과가 선택받았다는 사실은 저의 자랑입니다.

호평을 받고 있는 사과주스와 사과식초

제가 만든 자연재배 사과는 대부분을 생식용으로 출하합니다만, 희망하시는 분에 따라서는 일부를 가공용으로 돌리고 있습니다.

특히 사과주스는 호평을 받고 있으며 앞에서 말씀드린 내추럴·하모니의 각 점포나 안전하고 안심되는 야채를 늘상 사용하는 가정요리 레스토랑인 츠치니 이노치토 아이아리테(흙에 생명과 사랑 있고 - (주)티아(모토오카 겐지 씨가 구마모토시에서 개업. 규슈를 중심으로 동일본에까지 점포 전개)의 각 점포, 또한 안전한 농산물 등을 취급하는 (주)나가이키무라(長生村 : 도쿄 네리마구), (유)하다라쿠무라(畑樂村 : 사이타마현 이루마시), 본문에서도 소개된 수목보호자재회사인 선·액트(주)(교토 야마시나구. 통신판매) 등에서 쉽게 구할 수 있게 되었습니다. 물론 어느 정도 일정 양이라면 제게 바로 주문해 주셔도 가능합니다.

자연재배 사과주스 가공을 담당하는 곳은 같은 고장 히로사키시 미와에 있는 (유)기무라원(園)입니다. 같은 기무라 성이기는 해도 친척관계는 아닙니다. 여러 가지 사과를 혼합하거나 방부제, 당류 등을 첨가하지 않고 정성껏 자연재배 사과만을 주스로 가공해 주시기 때문에 위탁하고 있습니다.

주스 다음으로 주목을 받고 있는 가공품이 자연재배 사과를 원료로 한 사과식초입니다. 선구적이며 양심적으로 추구하는 일면을 소개하겠습니다.

단고반도(丹後半島)의 맨 아래쪽에 위치하는 교토 미야즈시에 있는 (주)이오(飯尾) 양조로, 창업 110년이 넘은 전통 있는 곳으로 원료인 쌀에서 식초 만들기까지 일관하여 작업하는 업체입니다.

핵심 제품은 '후지식초'로 원료인 쌀은 40년에 걸쳐 고집스럽게 무농약·무화학비료로 만든 것만을 사용하고 있습니다. 4대째가 되는 주인인 이오 츠요시 씨가 새롭게 하고 있는 것이 제가 자연재배한 사과를 원료로 하여 만든 최상의 사과식초입니다.

자연재배 사과주스.

물을 한 방울도 사용하지 않은 '탁한 사과식초'

"이 사과식초의 특징은 물을 한 방울도 사용하지 않고 사과에 함유되어 있는 수분만으로 만든다는 것입니다. 여과하는 것이 아까워서 탁한 상태 그대로 병에다 넣습니다. 냄새가 자극적이지 않고 부드러운 산미의 식초로 이오 양조에서는 '탁한 사과식초'라고 이름을 지어 판매하기 시작했습니다"라고 이오 씨는 설명합니다.

이 탁한 사과식초는 120mL당 840엔입니다. 그야말로 진짜 식초 만들기를 고집하며 지켜온 노포(老舖 : 대대로 물려 내려오는 점포)의 양심이라고도 말할 수 있는 제품입니다. 안전하고 안심할 수 있는 믿을 수 있는 먹거리를 찾는 소비자들에게는 더할 나위 없는 훌륭한 제품임을 확신합니다.

나의 사과밭에서 태어난 '수목의 미카타'

야마자키 주방장과 같은 경위로 히로사키에 이전에 있었던 호텔 홋케클럽과 관련해서 알게 된 회사가 수목보호자재 '수목의 미카타(樹木の味方, 미카타는 일본말로 내 편, 아군이란 뜻)'를 제조하는 선·액트입니다.

13년 정도 전에 홋케클럽 그룹의 모임이 히로사키에서 열렸을 때, 저의 사과밭까지 와주신 분이 당시 홋케클럽 중역이었던 선·액트 전 사장인 고지마 다케시 씨였습니다.

앞의 사과 자연재배에서 말씀드렸듯이 그 무렵 저는 사과의 부란병으로 고민하고 있었습니다. 한편 전 사장님은 고추냉이의 항

부란병 부위를 긁어내고 '수목의 미카타'를 도포한다.

저자와 한잔하면서 담소를 나누는 고지마 아이이치로 선·액트 사장. '수목의 미카타' 개발 중에 찍은 한 컷.

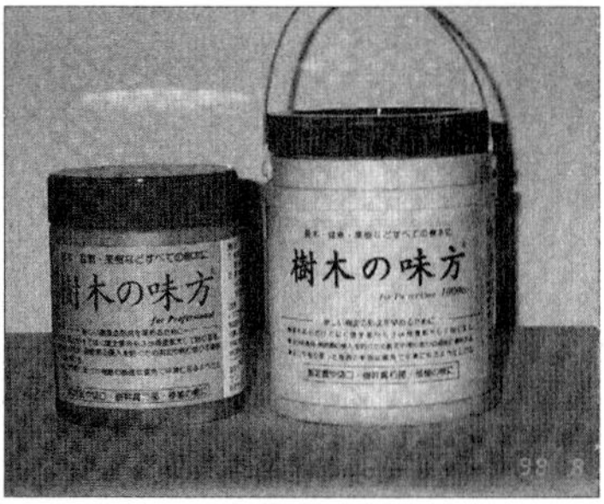

수목의로부터 취미로 원예를 하는 분들까지 폭넓게 이용되는 '수목의 미카타'.

균성분에 대한 연구 프로젝트를 진행하고 있을 때였습니다. 예부터 해오던 방식의 진흙말기 작업을 하는 저를 보고 고추냉이가 부란병 대책에 효과가 있을지도 모른다는 발상을 하게 되었다고 합니다.

저는 그때까지 고추냉이를 수목에 바른다는 것은 들어본 적도 없고 그 효과에 대해서도 솔직히 말해서 반신반의하였습니다만, 전 사장님의 제안을 받고 신제품 개발에 협력하게 되었습니다.

그 후로 약 3년간 저의 사과밭을 무대로 시작(試作)과 실험을 반복하였습니다.

'고추냉이의 항균효과를 길게 유지하기 위해서는 어떻게 하면 좋은가? 어떻게 도포하면 보다 효과를 높일 수 있고 병의 재발을 막을 수 있는가?'

저 자신도 협력하여 함께 시행착오를 거듭하며 완성시킨 것이 '수목의 미카타'입니다.

그 후 '수목의 미카타'는 홋케클럽에서 독립하여 교토에서 환경녹화사업인 선·액트를 설립한 전 사장님의 아들인 고지마 아이이치로 씨에 의해 전국의 수목의(樹木醫)나 조경업자들에게 인기 있는 제품이 되고 있습니다.

자연재배로 새로운 농업을 개척해 나가는 사람들

근래 몇 년 동안 자연재배를 보급하기 위해 전국을 돌면서 제가 가장 많이 알게 된 사람들은 각지의 농업생산자 여러분들입니다. 저는 자연을 근본으로 삼아 농약·비료를 사용하지 않는 농법이 환경보전과 먹거리의 안전으로 이어진다고 믿고 있습니다만, 이에 동조하여 자연재배를 시작하려는 생산자가 없다면 그저 홀로 독불장군식이 되어버리는 것이겠지요.

물론 제 이야기를 들어주신다 해도 실천할 것인지를 결정하는 것은 생산자의 몫입니다. 지금까지 오랫동안 해왔던 방법을 바꾼다는 것은 다소 위험도 따른다는 것도 사실입니다. 무엇보다도 제가 말씀드리는 대부분이 농업 교과서에 쓰여 있는 상식과는 반대이므로 아무리 좋은 방법이라고 역설하여도 주저하는 분들이 많았으리라 생각됩니다.

그런 중에도 제 농법에 동감하며 용기를 갖고 시작하는 분들도 확실히 있습니다. 버농사에서는 앞에서 소개한 아키타현 오가타무라의 이시야마 씨 외에 이와테현 토오노시의 사사키 마사유키 씨가 회장을 맡고 계시는 토오노(遠野)자연재배연구회가 역시 대규모 논에서 실적을 올리고 있습니다.

이 그룹의 일원인 사사키 에츠오 씨는 과감하게도 2006년부터는 사과의 자연재배에 도전하고 계십니다. 무농약·무비료의 상태를 만들면 8월 말에는 잎이 떨어지고 과실이 열려 있는 데도 2번째 꽃이 핍니다(이듬해부터는 꽃이 피지 않고 열매가 맺지 않게 될 것입니다). 이 얘기를 많은 분들께 말씀드려도 좀처럼 이해해주지 않습니다만 그야말로 이론보다는 증거로 사진을 보시면 이해가 될 것입니다.

사과의 자연재배를 장려함에 있어서 복잡한 심정이 있습니다. 제 자신이 수입이 끊기고 생활이 궁핍해져서 비참한 모습을 드러냈던 경험이 있기 때문입니다. 그렇기 때문에 "작은 면적부터 계단을 오른다는 생각으로 시작해 주십시오", "6~7년 정도의 감소는 각오해 주십시오"라고 서두에 말씀을 드리고 권장하고 있습니다. 그리고 현재 홋카이도, 이와테현, 나가노현, 기후현 등에서 사과 자연재배가 성과를 올리기 시작했습니다.

특히 홋카이도에서는 메무로초의 하야시 가츠히코 씨가 본토보다도 온도가 2도 정도 낮기 때문에 반점낙엽병이 적게 발생하는 이점으로 치즈 등의 유제품(염소젖을 사용)을 만들면서 사과 자연재배를 궤도에 올려놓고 있습니다.

야채재배로는 홋카이도 마쿠베츠초의 (주)오리카사 농장을 들

사사키 마사유키 씨의 논의 벼 뿌리 상태.

과실이 열려 있는데 꽃이 피었다(사사키 에츠오 씨의 사과밭).

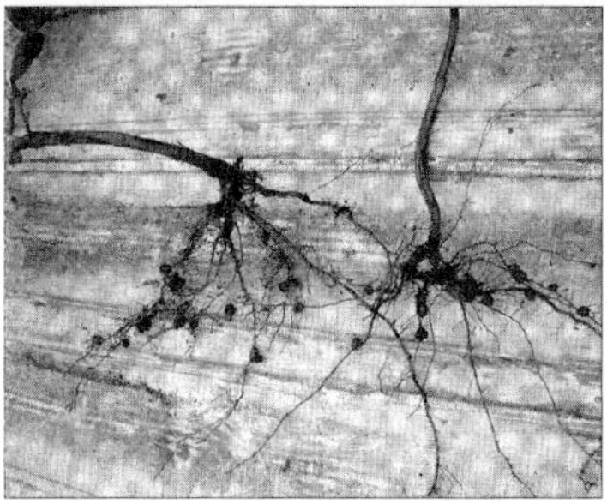

대두의 뿌리혹박테리아를 조사(사사키 에츠오 씨의 밭).

수 있습니다. 이 회사는 합계 65ha의 광대한 밭에서 감자, 대두, 팥, 옥수수, 토마토, 호박 등을 생산하고 있습니다만 그중에서 대두, 팥, 옥수수, 토마토의 전량과 감자의 일부를 자연재배로 키우고 있습니다.

홋카이도에서는 이전에 무농약·무비료로 농업을 하던 생산자도 있었습니다만, 잘 되지 않았던 사례가 있어서 오리카사 히데마사 사장님도 자연재배는 어려운 것이라는 인식이 있었다고 합니다.

"기무라 씨의 방법은 합리적이어서 납득이 갔습니다. 종종 자연농법이라고 하면 까다로운 정신적인 얘기를 하는 일이 많은데, 기무라 씨의 경우는 그런 것이 없습니다. 양분이 모자라면 콩과식물로 보급한다는 식으로 토양의 물질수지(物質收支)도 분명하게 해두고 있습니다. 이것은 누구나 할 수 있는 농업이라고 생각했습니다."

오리카사 씨는 대두나 자운영 외에 알팔파나 붉은 클로버, 귀리 등을 독자적으로 섞어서 보다 효과적으로 토양에 질소 보급을 하는 등 여러 가지 궁리를 하시고 계시는 것 같습니다.

자연재배의 감자밭에서. 오리카사 히데마사 씨(왼쪽)와 저자.

현재 자연재배에 의한 수확량은 통상적인 경우의 60% 정도입니다만, 최종적으로는 관행농법의 작물과 같은 단가로 팔릴 수 있도록 하는 것이 목표라고 합니다. 그 의욕에 박수를 보냅니다.

또 같은 홋카이도 겐부치초의 사토 씨는 4~5년 전부터 대두, 팥, 호박, 감자 등을 유기재배에서 자연재배로 전환하여 성과를 올리기 시작했습니다.

또 자연재배를 시작한 사람들로서 도치기현 마스고초의 (유)생명농법연구회 대표인 다카하시 다케오 씨(쌀, 야채, 자연양계), 가고시마시의 시모도조노 유타카 씨(차 제조), 가나가와현 오다와라시의 스즈키 시게코 씨(귤, 레몬 등의 감귤, 야채) 등 많은 분들이 계십니다.

이러한 전국 각지의 사람들의 노력이 자연재배를 궤도에 올려서 식(食)과 농(農)의 미래를 개척해 나가는 원동력이 된다고 믿고 있습니다.

후기

자연재배의 기적은 계속된다

자연재배에 대한 강연 등으로 전국 각지를 돌아다니다 보면 가끔 "조상님들은 농약이나 비료·퇴비를 일절 사용하지 않고 농업을 했었던 것 같다"는 얘기를 듣기도 합니다. 일본에선 에도시대에 이미 분뇨를 밭에 주었다고 듣고 있습니다만, 근대농업이 방방곡곡에 보급되기 이전에도 그러한 것들을 일절 사용하지 않는 농법이 아직 여기저기서 이루어지고 있었습니다.

옛날 사람들은 농약이나 비료를 사용하지 않고 어떻게 작물을 키웠을까요? 상상해 보면 자연히 자라는 나무들이나 풀, 꽃을 자세히 보면서 식물이 어떻게 건강하게 생장하는지를 배우고 이것을 응용했을 것입니다.

즉, 여러 가지 생명이 순환하는 자연환경 속에서 답을 찾아서 그것을 재현하고자 하는 자연재배와 같은 것입니다. 제가 30년에 걸쳐서 추구해 온 이 농법은 그 옛날 선인들이 실천했던 농법이었는지도 모릅니다.

근대농업, 관행농법이 약이나 독(본질적으로 약이나 독은 같습니다)을 사용하여, 작물을 키우는 데 있어서 방해된다고 생각하는 것(질병이나 해충)을 배제하는 것, 다시 말해서 인간이 자연을 제어하려고 하는 방법이라고 한다면 자연재배는 질병이나 벌레를 작물이 가르쳐주는 어떤 사인으로 받아들이고 자연과 가까이 더불어서 작물을 키우는 방법입니다.

독이나 약이란 농약이나 과잉 비료·퇴비를 말하는데 이러한 자연계에는 없는 이물질을 사용하므로 자연의 건전한 환경이 파괴된다는 것은 쉽게 상상할 수 있습니다.

자연재배에 대해 '석기시대로 역행하는 행위'라든가 '식량공급에 악영향을 주는 행위' 등 비판적인 의견이 있습니다. 그러나 인류가 제멋대로 자연을 제어하려고 하고, 문명을 지나치게 휘두른 결과 우리가 살아가기 위한 소중한 자연환경을 파괴하고 건강을 해치게 된 것도 또한 사실입니다.

저는 인류에게 남아 있는 농업의 방법은 이 자연재배밖에 없다고 생각합니다. 농약이나 비료를 사용하지 않고 어떻게 필요한 수확량을 얻고, 식량 공급력을 확보할 것인가는 저희들 생산자 스스로의 눈과 손이 농약이 되고 비료가 되는 수밖에 없습니다. 그리고 눈과 손이 농약과 비료가 되는 지침서는 오직 자연 속에 있습니다.

이 자연재배의 기술은 모두 자연에서 얻은 것을 기초로 발전시킨 것이며, 이것에 따라 이미 논에서는 관행농법의 90%의 수확을 얻을 수 있게 되었습니다. 이후 더 많은 기술연구를 거듭하므로 야채나 과수, 특용작물 등의 부문에서도 보다 안정된 생산을 할 수 있다고 저는 확신합니다.

지금까지 전국 각지에서 저의 강연이나 현장연수 때 오셨던 사람들 중에는 관행농법이나 유기농법의 실천자뿐만 아니라 자연농법을 하는 분들도 계십니다. 자연농법 중에서도 1970년대 중반부터 가와구치 유이치 씨(나라현 사쿠라이시)가 실천, 지도하고 계시는 '자연농'은 무경운, 무비료, 무농약으로 벼농사, 야채재배를 하는 것인데 기본적인 기술은 자연재배와 많은 공통점이 있는 것 같습니다.

저는 가와구치 씨가 해오신 자연농(가와구치 유이치 편저 《자연농에 이르는 길》, 소신샤 발행 등)에 대해서는 크게 공감하며 존경하고 있습니다. 이 책의 편집자를 통해서 "이제부터는 과수에 대해서도 자연농법의 기술 확립이 필요하다"는 이야기를 들었습니다. '자연농'에 종사하시고 있는 분들에게는 저의 자연재배 기술을 참고로 해주시고 어디까지나 기본은 가와구치 씨의 가르침대로 실천해주실 것을 꼭 말씀드리고 있습니다.

이 재배법은 누구나 할 수 있는 것이지만 결코 쉬운 농법은 아닙니다. 그러나 그만큼 힘을 쏟을 만한 가치가 있는 농법입니다. 농약이나 비료·퇴비를 사용하지 않고 작물을 키우는 것은 불가능이 아닙니다. 농약을 뿌리고 비료를 주는 데 드는 돈과 수고가 있다면 그것을 자신의 눈과 손을 사용하는 데 쓴다면 떳떳하게 가슴을 펴고 출하할 수 있는 작물을 키울 수가 있습니다.

낡은 것이지만 사실은 가장 새로운 것입니다. 저는 이 자연재배의 기술이야말로 미래에 살아남을 수 있는 농업의 형태라고 생각하고 있습니다.

기무라 아키노리

한 권으로 읽는 상식&비상식 시리즈

우리가 몰랐던 **웃음 치료의 놀라운 기적** 후나세 슌스케 지음 | 이요셉 · 김채송화 옮김 | 14,500원

우리가 몰랐던 **항암제의 숨겨진 진실** 후나세 슌스케 지음 | 김하경 옮김 | 14,500원

우리가 몰랐던 **암 자연치유 10가지 비밀** 후나세 슌스케 지음 | 이정은 옮김 | 13,500원

우리가 몰랐던 **암의 비상식** 시라카와 타로 지음 | 이준육 · 타키자와 야요이 옮김 | 14,000원

우리가 몰랐던 **마늘 요리의 놀라운 비밀** 주부의 벗사 지음 | 한재복 편역 | 백성진 요리 · 감수 | 12,900원

우리가 몰랐던 **어깨 통증 치료의 놀라운 기적** 박성진 지음 | 올컬러 | 16,000원 **eBook 구매 가능**

우리가 몰랐던 **목 통증 치료의 놀라운 비밀** 박문수 지음 | 13,500원 **eBook 구매 가능**

우리가 몰랐던 **냉기제거의 놀라운 비밀** 신도 요시하루 지음 | 고선윤 옮김 | 15,000원

우리가 몰랐던 **냉기제거 반신욕 건강백서** 신도 요시하루 지음 | 고선윤 옮김 | 14,000원

우리가 몰랐던 **턱관절 통증 치료의 놀라운 비밀** 로버트 업가르드 지음 | 권종진 감수 | 15,000원 **eBook 구매 가능**

우리가 몰랐던 **야채수프의 놀라운 기적** 다테이시 가즈 지음 | 예술자연농식품 감수 | 강승현 옮김 | 14,000원

우리가 몰랐던 **면역혁명의 놀라운 비밀** 아보 도오루 · 후나세 슌스케 · 기준성 지음 | 박주영 옮김 | 14,000원

우리가 몰랐던 **당뇨병 치료 생활습관의 비밀** 오비츠 료이치 외 지음 | 박선무 · 고선윤 옮김 | 15,000원

우리가 몰랐던 **자연재배 놀라운 기술** 기무라 아키노리 지음 | 도라지회 옮김 | 15,000원

우리가 몰랐던 **유전자 조작 식품의 비밀** 후나세 슌스케 지음 | 고선윤 옮김 | 15,000원

우리가 몰랐던 **눈이 좋아지는 하루 5분 시력 트레이닝** 로버트 마이클 카플란 지음 | 14,000원 **eBook 구매 가능**

우리가 몰랐던 **백신의 놀라운 비밀** 후나세 슌스케 지음 | 김경원 옮김 | 15,000원 **eBook 구매 가능**

한승섭 박사의 **전립선 치료 10일의 기적** 한승섭 · 한혁규 지음 | 15,000원

혈액을 맑게 하는 지압 동의보감 세리자와 가츠스케 지음 | 김창환 · 김용석 편역 | 25,000원

암 치유 면역력의 놀라운 힘 장석원 지음 | 15,000원 **eBook 구매 가능**

우리가 몰랐던 **백년 건강 동의보감** 한승섭 · 한혁규 지음 | 16,000원

우리가 몰랐던 **장이 좋아지는 1분 면역력의** 놀라운 건강습관 고바야시 히로유키 지음 | 박선무 감수 | 15,000원

중앙생활사 Joongang Life Publishing Co.
중앙경제평론사 | 중앙에듀북스 Joongang Economy Publishing Co./Joongang Edubooks Publishing Co.

중앙생활사는 건강한 생활, 행복한 삶을 일군다는 신념 아래 설립된 건강 · 실용서 전문 출판사로서
치열한 생존경쟁에 심신이 지친 현대인에게 건강과 생활의 지혜를 주는 책을 발간하고 있습니다.

우리가 몰랐던 **자연재배 놀라운 기술**

초판 1쇄 발행 | 2019년 10월 20일
초판 2쇄 발행 | 2022년 1월 20일

지은이 | 기무라 아키노리(木村秋則)
옮긴이 | 도라지회(Doraji Community)
펴낸이 | 최점옥(JeomOg Choi)
펴낸곳 | 중앙생활사(Joongang Life Publishing Co.)

대 표 | 김용주
책임편집 | 한옥수
본문디자인 | 박근영

출력 | 삼신문화 종이 | 에이엔페이퍼 인쇄 | 삼신문화 제본 | 은정제책사

잘못된 책은 구입한 서점에서 교환해드립니다.
가격은 표지 뒷면에 있습니다.

ISBN 978-89-6141-241-4(03520)

원서명 | 自然栽培ひとすじに

등록 | 1999년 1월 16일 제2-2730호
주소 | ㉾ 04590 서울시 중구 다산로20길 5(신당4동 340-128) 중앙빌딩
전화 | (02)2253-4463(代) 팩스 | (02)2253-7988
홈페이지 | www.japub.co.kr 블로그 | http://blog.naver.com/japub
페이스북 | https://www.facebook.com/japub.co.kr 이메일 | japub@naver.com
♣ 중앙생활사는 중앙경제평론사 · 중앙에듀북스와 자매회사입니다.

※이 책은《자연재배》를 독자들의 요구에 맞춰 새롭게 출간하였습니다.

※ 이 도서의 국립중앙도서관 출판시도서목록(CIP)은 서지정보유통지원시스템 홈페이지(http://seoji.nl.go.kr)와
국가자료공동목록시스템(http://www.nl.go.kr/kolisnet)에서 이용하실 수 있습니다.(CIP제어번호: CIP2019036419)